Vue.js 3.x 前端开发实战

主　编　李文奎　朱继宏

副主编　李小奎　陶宝健　张慧娥

北京理工大学出版社

BEIJING INSTITUTE OF TECHNOLOGY PRESS

内容简介

本书结合最新的 Vue. js 3. x 技术，深入浅出地介绍前端开发框架 Vue“全家桶”需要掌握的相关知识及技能。在理论知识讲解方面，从初学者的角度，以通俗易懂的语言、实用的案例讲解了 Vue 基础知识和技能；在实例制作方面，注重实践、注重知识的运用；在考查知识掌握程度方面，书中每章配有自测题与实践题；最后，以综合案例整合所学知识，有助于学生理解知识、掌握相关技能，达到学以致用的目的。

本书既可以作为软件技术、移动应用开发、云计算技术应用、大数据技术专业及其他相关专业的教材，也可以作为广大 IT 技术人员和 Vue. js 爱好者的参考读物。

图书在版编目（CIP）数据

Vue.js 3.x 前端开发实战 / 李文奎，朱继宏主编. --北京：北京理工大学出版社，2021. 9

ISBN 978-7-5763-0183-0

Ⅰ. ①V… Ⅱ. ①李… ②朱… Ⅲ. ①网页制作工具—程序设计 Ⅳ. ①TP393. 092. 2

中国版本图书馆 CIP 数据核字（2021）第 165942 号

出版发行 / 北京理工大学出版社有限责任公司
社　　址 / 北京市海淀区中关村南大街 5 号
邮　　编 / 100081
电　　话 /（010）68914775（总编室）
　　　　　（010）82562903（教材售后服务热线）
　　　　　（010）68944723（其他图书服务热线）
网　　址 / http：//www. bitpress. com. cn
经　　销 / 全国各地新华书店
印　　刷 / 唐山富达印务有限公司
开　　本 / 787 毫米 ×1092 毫米　1/16
印　　张 / 14. 25
字　　数 / 335 千字
版　　次 / 2021 年 9 月第 1 版　2021 年 9 月第 1 次印刷
定　　价 / 75. 00 元

责任编辑 / 王玲玲
文案编辑 / 王玲玲
责任校对 / 刘亚男
责任印制 / 施胜娟

图书出现印装质量问题，请拨打售后服务热线，本社负责调换

前言

在前端产品日益复杂的今天，越来越多的开发者不再满足于 HTML + JavaScript + CSS 的开发方式，现代前端技术越来越具有广度和深度。本书以当前最流行的前端开发框架——Vue.js 3.x 为编写思路，基于数据驱动和组件化的思想，提供了更加简洁、易于理解的 API，其具有简单易学、组件化、视图、数据和结构分离、虚拟 DOM、运行速度快的特点，能够在很大程度上降低 Web 前端开发难度，深受广大前端开发人员的喜爱。

本书依据计算机相关专业人才培养方案的需要，结合高等职业教育对学生特定职业或职业群所需的知识和技术能力的要求、行业相应岗位能力要求及现代前端开发技术中的新技术和新标准，以“实用为主、够用为度”为原则，在理论知识讲解方面，从初学者的角度，以通俗易懂的语言、实用的案例讲解 Vue.js“全家桶”的基本知识和技巧；在实例制作方面，注重实践、注重知识的运用；书中每章配有自测题与实践题，贴近实际，由浅入深，具有很强的实用性，有助于学生理解知识、掌握知识，最终达到学以致用的目的。

本书由陕西电子信息职业技术学院李文奎、西安城市建设职业学院朱继宏担任主编，陕西电子信息职业技术学院李小奎、西安思源学院张慧娥及西安网星软件咨询服务有限公司经理陶宝健担任副主编。其中李文奎编写第 1 ~ 3 章、朱继宏编写第 4 章、李小奎编写第 5 ~ 7 章、张慧娥编写第 8 ~ 9 章、陶宝健编写第 10 章。全书由李文奎、朱继宏负责教学案例的设计、优化和校对工作。

教材建设是一项长期而艰巨的任务，它对稳定学校教学秩序、全面提高教学质量、培养国家所需高技能人才起着十分重要的作用。本书在编写过程中得到了学院领导的大力支持和帮助，特别感谢张成现、贺瑞缠、朱蓉蓉三位教授对书稿知识体系的指导。

虽然我们在编写本书的过程中倾注了大量心血，但难免会有疏漏与不妥之处，恳请广大读者及专家批评指正，不吝赐教。本书配备了丰富的教学资源，包括教学大纲、教学课件、教材案例源代码、课后习题答案、考试模拟试卷及前端开发面试题等，请发送电子邮件至 345066179@qq.com 获取。

编　者

目录

第1章 Web开发基础

伴随着信息时代、大数据时代，Web 开发经历 1.0 时代和 2.0 时代，在此过程中，出现了各种开发模式及框架。本章首先介绍 Web 开发基础及三大模式，其次介绍 Vue 的特点，最后介绍 Vue 开发工具及插件。

【学习目标】

- 了解 Web 开发基础
- 了解并理解 Web 开发的三大模式
- 了解 Vuc 的特点
- 熟练使用开发工具及插件安装
- 制作第一个 Vue 程序

1.1 Web 开发基础

Web 开发是创建 Web 页面和 App 等前端界面呈现给用户的过程，通过 HTML、CSS、JavaScript 及其衍生出来的各种技术、框架、解决方案，来实现互联网产品的用户界面交互。

1.1.1 Web 1.0 时代

在互联网的演进过程中，网页制作是 Web 1.0 时代的产物，早期网站的主要内容都是静态的，以图片和文字为主，用户使用网站的行为以浏览为主。随着 JavaScript 的出现，可以更改前端 DOM 的样式，但大部分的前端界面还很简单，显示的都是纯静态的文本和图片。这种静态页面不能读取后台数据库中的数据，为了使 Web 更加充满活力，以 PHP、JSP、ASP. NET 为代表的动态页面技术相继诞生。

随着这些动态服务器页面技术的出现，页面不再是静止的，页面可以获取服务器数据信息并不断更新。以 Google 为代表的搜索引擎及各种论坛相继出现，使得 Web 充满了活力。

随着动态页面技术的不断发展，后台代码变得庞大臃肿，后端逻辑也越来越复杂，逐渐难以维护，Web 开发一直处于后端重、前端轻的状态。

1.1.2 Web 2.0 时代

随着 AJAX（Asynchronous Java And XML）的流行，越来越多的网站使用 AJAX 动态获取数据，这使得动态网页内容变成可能，前端呈现出了欣欣向荣的局面。AJAX 使得浏览器客户端可以更方便地向服务器发送数据信息，这促进了 Web 2.0 的发展。

为了解决浏览器兼容性问题，2006 年用于操作 DOM 的 jQuery 出现，它的出现极大地促进了 Web 2.0 时代的进步，其优雅的语法、符合直觉的事件驱动型编程思维使开发者极易上手，很快风靡前端开发。

伴随着信息时代、大数据时代的到来，jQuery 在对大量数据操作中的弊端体现出来了，它在对 DOM 进行大量的操作中，会导致页面的加载缓慢等问题，而相继出现的 Angular、React、Vue 等 MVVM 模式的模架，以及 Webpack 的前端工程化构建，加速了数据驱动前端工程化的发展。

2009 年，Ryan 利用 Chrome 的 V8 引擎打造的 Node. js 的出现驱使前端产生第二次飞跃，它具有以下特点：基于事件循环的异步 I/O 框架，能够提高 I/O 吞吐量；单线程运行，能够避免多线程变量同步的问题；使得 JavaScript 可以编写后台代码，前后端编程语言统一。

如今，后端负责数据，前端负责其余工作越发明显化。它们之间的通信只需要后端暴露 RESTful 接口，前端通过 AJAX 以 HTTP 协议与后端通信即可，Web 开发进入全栈时代。

1.2 Web 开发模式

为了解决软件开发中出现的复杂性、协作性管理难题，出现了 MVC、MVP、MVVM 三种开发架构模式（Architectural Pattern），它们通过分离关注点（SOC）来改进代码组织方式，最终实现代码间的高内聚、低耦合。

1.2.1 MVC

MVC 模式是 MVP、MVVM 模式的基础，MVC 的全名是 Model View Controller，是 Model（模型）、View（视图）、Controller（控制器）的缩写，是一种软件设计典范。

在 Web 开发中，Model 是指数据模型层，负责提供数据，但不直接与用户产生交互。View 视图层是用户能够看到并进行交互的客户端界面，如桌面程序的图形界面、浏览器端的网页等。Controller 控制层负责收集用户输入的数据，向相关模型请求数据并返回视图实现交互请求，如图 1－1 所示。

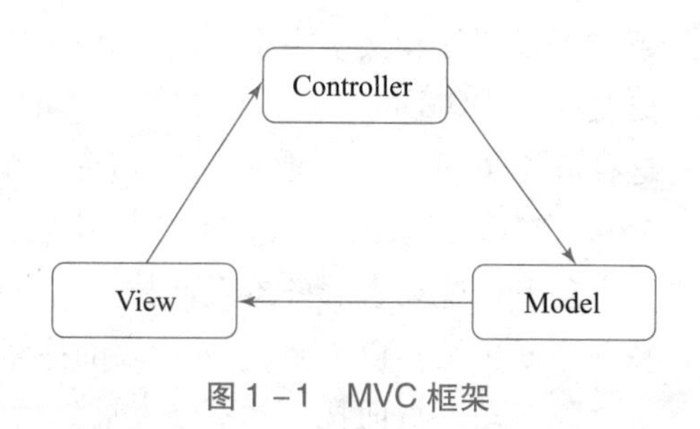

图 1－1　MVC 框架

MVC 模式具有耦合性低、重用性高、生命周期成本低、部署快等优点，其缺点是视图与控制器间的过于紧密的连接、视图对模型数据的低效率访问。

1.2.2 MVP

MVP 的全称是 Model View Presenter，它是从 MVC 演变而来的，Model 提供数据，View 负责显示，Presenter 负责逻辑的处理，如图 1－2 所示。在 MVP 中，Model 与 View 完全分离，它们之间的通信是通过 Presenter 进行的，这样做的优点：一个是将 Presenter 用于多个视图，而不需要改变 Presenter 的逻辑；另一个是 Model 和 View 的分离，可以将 View 层抽离出来做成组件。

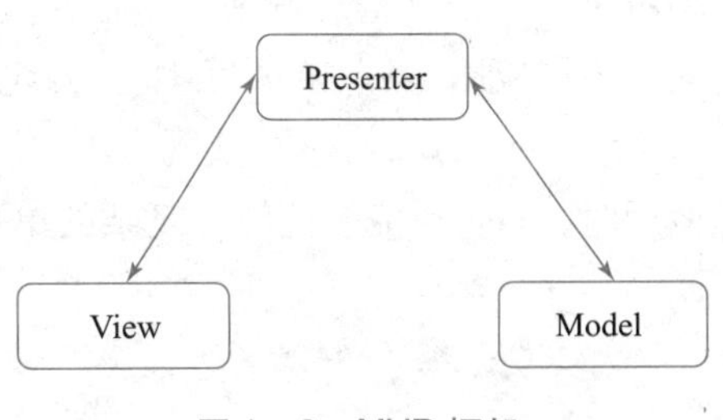

图 1－2　MVP 框架

1.2.3 MVVM

MVVM 的全称是 Model－View－ViewModel，基本上与 MVP 模式完全一致。它们的区别主要是 Presenter 层采用手动写法来调用或者修改 View 层和 Model 层，而 ViewModel 层采用 View 层和 Model 层的双向绑定，当 View 层的数据变化时，系统会自动修改 Model 层的数据，反之同理，如图 1－3 所示。

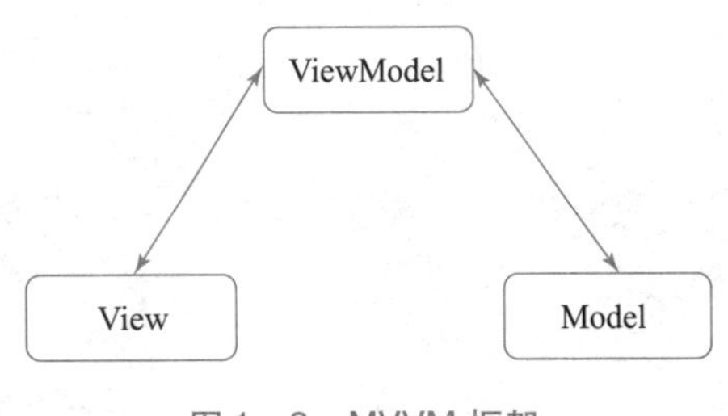

图 1－3　MVVM 框架

MVVM 模式和 MVC 模式一样，主要目的是分离视图（View）和模型（Model）。其有以下几大优点：

①低耦合。视图（View）可以独立于 Model 变化和修改，一个 ViewModel 可以绑定到不同的 View 上，当 View 变化的时候，Model 可以不变；当 Model 变化的时候，View 也可以不变。

②可重用。可以把一些视图逻辑放在一个 ViewModel 里面，让很多 View 重用这段视图逻辑。

③可测试。界面向来都是难以测试的，而现在测试可以针对 ViewModel 来写。

④独立开发。开发人员可以专注于业务逻辑和数据的开发（ViewModel），设计人员可以专注于页面设计，使用 Expression Blend 可以很容易设计界面并生成 XAML 代码。

1.3 Vue 简介

Vue.js（以下简称 Vue）是一套用于构建用户界面的渐进式框架，由尤雨溪开发并于2014年2月发布。与其他大型框架（如 Angular/React）不同的是，Vue 被设计为可以自底向上逐层应用。Vue 的核心库只关注视图层，这样不仅灵活方便，还便于与第三方库（如 vue-router/vuex/axios）或既有项目整合。另外，当与现代化的工具链及各种支持类库结合使用时，Vue 也完全能够为复杂的单页应用提供驱动。

1.3.1 Vue 的开发模式

Vue 是基于 MVVM 的开发模式，采用 MVVM 模式实现视图（View）和数据（Model）的分离，通过自动化脚本实现自动化关联，无须手动处理。ViewModel 是实现视图与数据的桥梁，同时，在 ViewModel 中可以进行交互及逻辑处理，如图 1-4 所示。

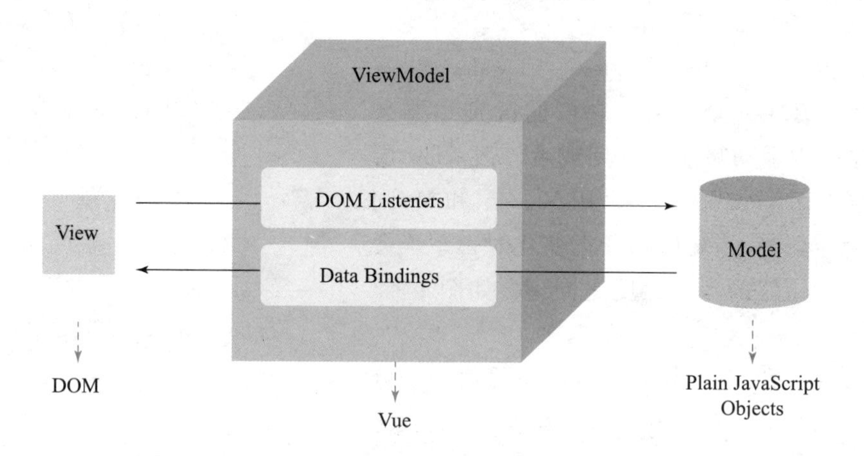

图 1-4　基于 MVVM 模型的 Vue

从图中可以看出，ViewModel 是 Vue 的核心，它是一个 Vue 实例（作用于某一个 HTML 元素上）。当创建 ViewModel 后，从 View 侧看，ViewModel 中的 DOM Listeners 工具会监测页面上 DOM 元素的变化，如果有变化，则自动更新 Model 中的数据；从 Model 侧看，当更新 Model 中的数据时，Data Bindings 工具会自动更新页面中的 DOM 元素。

1.3.2 Vue 的安装

根据不同的需求，Vue 添加到项目中有以下五种主要方式：

1. 直接下载并使用 <script> 标签引入

进入 Vue 官网，根据需求下载开发版本或生产版本。下载完成后，在项目文件中通过

<script>标签引入，例如：

```
<script type="text/javascript" src=vue.js>
```

2. 使用 CDN 方式

对于制作原型或学习，可以使用最新版本：

```
<script src="https://unpkg.com/vue@next"></script>
```

对于生产环境，推荐链接到一个明确的版本号和构建文件，以避免新版本造成的不可预期的破坏。

3. NPM

若用 Vue 构建大型应用，推荐使用 NPM 安装。NPM 能很好地和诸如 Webpack 或 Browserify 模块打包器配合使用。同时，Vue 也提供配套工具来开发单文件组件。

```
# 最新稳定版
$ npm install vue@next
```

推荐使用淘宝 NPM 镜像 CNPM，先执行以下命令：

```
$ npm install -g cnpm --registry=https://registry.npm.taobao.org
```

4. 命令行工具

Vue 提供了一个官方的 CLI，为单页面应用（SPA）快速搭建繁杂的脚手架。它为现代前端工作流提供了功能齐备的构建设置。只需要几分钟就可以运行起来，并带有热重载、保存时 lint 校验，以及生产环境可用的构建版本。

通过在终端中运行以下命令，可以快速构建 Vue 项目：

```
$ npm install -g @vue/cli
$ vue create <project-name>
$ npm run serve
```

5. Vite

Vite 是一个 Web 开发构建工具，由于其原生 ES 模块导入方式，可以实现闪电般的冷服务器启动。

通过在终端中运行以下命令，可以使用 Vite 快速构建 Vue 项目：

```
$ npm init @vitejs/app <project-name>
$ cd <project-name>
$ npm install
$ npm run dev
```

1.4 开发工具的使用

“工欲善其事，必先利其器”，利用 Vue 进行前端开发，可以利用先进开发工具和调试工具帮助开发者提高开发效率和降低出错概率。

1.4.1 VS Code

Visual Studio Code（简称 VS Code）是一款免费开源的现代化轻量级代码编辑器，支持几乎所有主流的开发语言的语法高亮、智能代码补全、自定义热键、括号匹配、代码片段等特性，支持插件扩展，并针对网页开发和云端应用开发做了优化。同时，软件跨平台支持 Win、Mac 及 Linux，运行流畅。

1. 下载并安装

登录 VS Code 官网（https://code.visualstudio.com/），根据用户电脑版本选择相应的版本并下载，如图 1-5 所示。

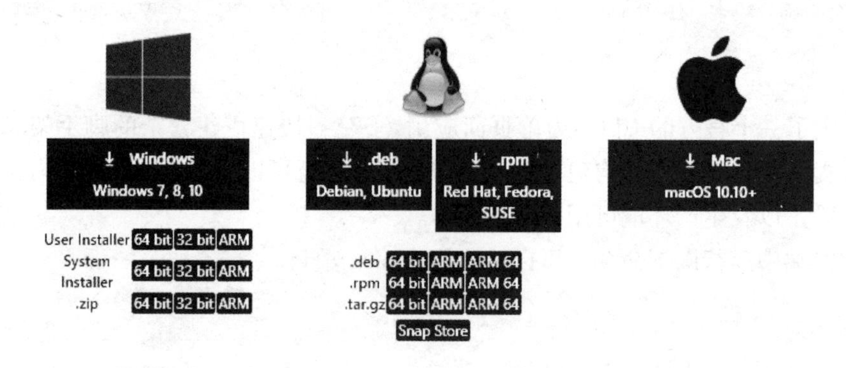

图 1-5 VS Code 版本

根据默认方式进行安装，安装成功并启动，如图 1-6 所示。

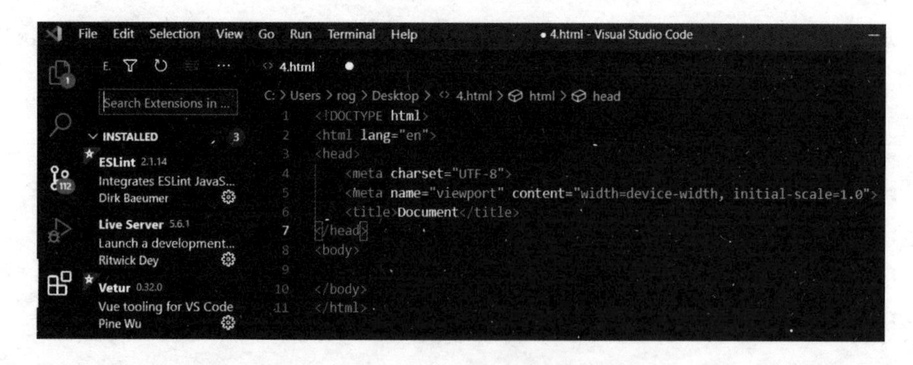

图 1-6 VS Code 界面

2. 安装插件

VS Code 支持插件扩展，通过安装相应的插件，提高开发者开发效率。

单击界面左侧的插件图标，在应用商店搜索需要的插件，并单击安装即可，同时可查看已安装的插件。

（1） Chinese（Simplified）Language Pack for Visual Studio Code

VS Code 汉化包，为 VS Code 提供本地化界面。

（2） Live Server

Live Server 是一个具有实时加载功能的小型服务器，当用户修改代码后，无须手动重新加载，Live Server 监视文件的变化，通过 Web 套接字连接向浏览器发送消息，指示它重新加载。注意，应用 Live Server 时，必须在 VS Code 中打开文件所在的目录，然后在编辑区空白处单击右键，选择“open with Live Server”或按快捷键 Alt + O，浏览器会自动打开当前文档。

（3） ESLint

ESLint 是用来统一 JavaScript 代码风格的工具，在编写代码时，可以显示代码的语法错误，便于修改，降低代码出错率。

（4） Vetur

Vetur 是支持 . vue 文件的语法高亮显示、提示和补全的插件，除了支持 template 模板以外，还支持大多数主流的前端开发脚本和插件，比如 Sass 和 TypeScript。

安装以上四个插件的 VS Code 界面如图 1 – 7 所示。

图 1 – 7　安装插件的 VS Code

1.4.2 Vue. js Devtools 插件

Devtools 是 Vue 的调试工具，它是一套内置于 Google Chrome 中的 Web 开发和调试工具，可用来基于 Vue 项目进行迭代、调试和分析。

①下载。到 https://github. com/vuejs/vue - devtools 处下载（注意：下载一定要记得是 master 主分支的代码，默认克隆后进入的是 dev 分支，执行 npm run build 会报错，执行 git checkout master 切换到 master 主分支），如图 1 - 8 所示。

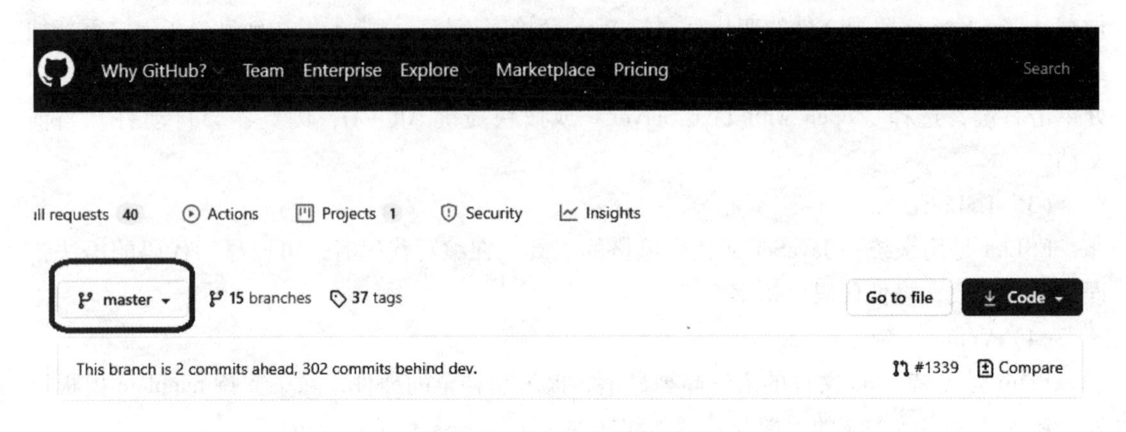

图 1 - 8　Devtools 下载页面

②安装依赖包。

进入 vue - devtools 目录下安装依赖包，执行命令如下：

```
cd vue - devtools
npm install
```

③编译打包。

依赖包下载完成后，执行 npm run build，编译打包成功后，会在 shells 下生成 Chrome 文件夹。此文件夹用来放入 Chrome 的扩展程序。执行如下命令：

```
npm run build
```

④扩展 Chrome 插件。

打开 Chrome 浏览器，选择“更多工具”→“扩展程序”，打开开发者模式。

单击加载已解压的扩展程序，找到生成的 Chrome 文件夹，选择“vue - devtools”→“shells”→“chrome”放入，安装成功，如图 1 - 9 所示。

⑤在浏览器中打开 Vue 程序，按 F12 键，单击 Vue 图标，即可查看数据，如图 1 - 10 所示。

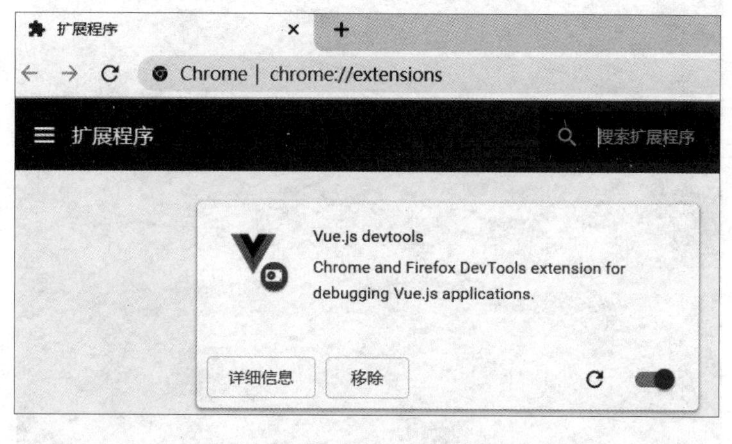

图 1－9　安装 Vue. js devtools 插件

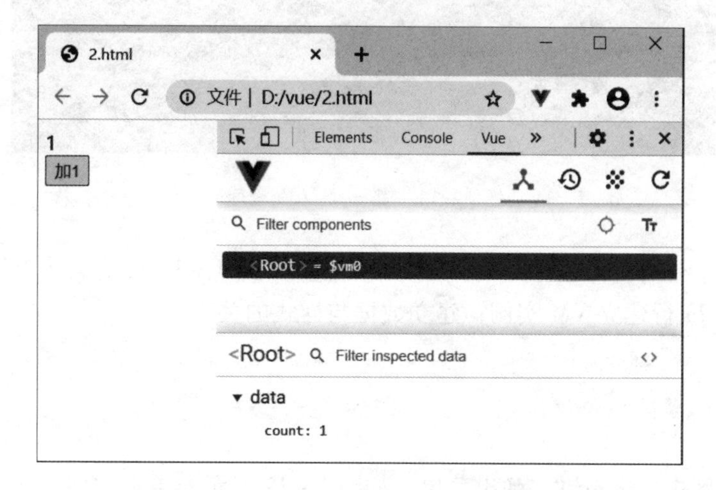

图 1－10　安装了 devtools 插件的浏览器

.5　第一个 Vue 程序

首先通过 VS Code 编写第一个 Vue 程序，体验 Vue 的优势，然后通过浏览器运行编写的程序。

1.5.1　编写 Vue 程序

启动 VS Code，建立新文件，并保存为 demo1. html。输入“!”，按 Tab 键，会出现 HTML 文档基础结构样式，输入相应代码，如图 1－11 所示。

```html
<!DOCTYPE html>
<html lang="en">
<head>
    <meta charset="UTF-8">
    <meta name="viewport" content="width=device-width, initial-scale=1.0">
    <title>Vue第一个程序</title>
    <script src="vue.js"></script>
</head>
<body>
    <!-- View -->
    <div id="app">
        <h1 style="color:red">Hello  Vue</h1>
        <p style="color:red;font-size:20px;"> {{msg}}</p>
    </div>
    <script>
        //Model
        var app = {
            data() {
                return {
                    msg: "学习走向未来，实干成就梦想。"
                }
            }
        }
        //ViewModel
        vm = Vue.createApp(app).mount("#app")
    </script>
</body>
</html>
```

图 1－11　第一个 Vue 程序

代码中，第 7 行通过 <script> 标签引入 Vue. js，第 11～14 行定义输出样式，第17～23 行定义数据，第 25 行建立 VM 实例，建立数据与样式的关联。

1. 5. 2　通过浏览器运行程序

在代码编辑区中单击右键，弹出菜单，如图 1－12 所示。单击“Open with Live Server”，自动打开浏览器，显示结果如图 1－13 所示。

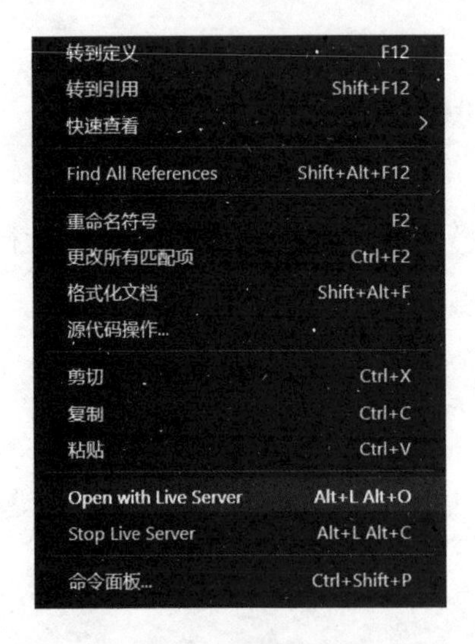

图 1－12　右键弹出菜单

图 1－13　第一个 Vue 程序运行效果

习题与实践

一、选择题（不定项）

1. 以下不属于动态网页文件的是（　　）。

A. HTML　　B. JSP　　C. ASPX　　D. PHP

2. AJAX 是一种独立于 Web 服务器软件的浏览器技术，基于（　　）Web 标准。

A. JavaScript　　B. XML　　C. HTML　　D. CSS

3. 在 JavaScript 中获取 <div id = "box"></div>元素的代码是(　　)。

A. document. getElementById("box")

B. document. getElementsById("box")

C. document. getElementsByName("box")

D. document. getElementByName("box")

4. 在 jQuery 中选取所有 class = "intro" 的 <p> 元素的方法是（　　）。

A. $ ("P")　　B. $ ("p. intro")　　C. $ (". intro")　　D. $ ("p#intro")

5. 以下选择中，都属于 MVVM/MVC 框架的是（　　）。

A. jQuery，Zepto　　B. Angular，Vue

C. Zcpto，Angular　　D. jQuery，Underscore

6. 下列关于 Vue 的优势，说法错误的是（　　）。

A. 轻量级框架　　B. 双向数据绑定

C. 增加代码的耦合度　　D. 实现组件化

7. 下列不属于 Vue 开发所需工具的是（　　）

A. VS Code 编辑器　　B. Chrome 浏览器

C. Vue-devtools　　D. 微信开发工具

8. NPM 包管理器是基于（　　）平台使用的。

A. Java　　B. Node　　C. Vue　　D. Angular

9. 下列选项中，用来安装 Vue 模块的正确命令是（　　）。

A. npm install vue　　B. node. js install vue

C. node install　　D. vue npm I vue

10. 下列说法中，正确的是（　　）。

A. Angular 由 Google 进行开发和维护，支持双向数据绑定、指令和过滤器，在性能上依赖对数据做脏检查

B. React 由 Facebook 进行开发和维护，采用特殊的 JSX 语法，支持组件化

C. Vue 由尤雨溪开发和维护，是一款基于构建直观、快速和组件化交互式界面的MVVM框架

D. Angular、React 及 Vue 都是基于 JavaScript 开发的

二、实践题

1. 登录 https://nodejs.org/zh-cn/网站，下载并安装 Node.js，查看安装版本。

2. 安装 Chrome 浏览器，下载并安装 Devtools 插件。

3. 登录 https://code.visualstudio.com/网站，下载并安装 Live Server、ESLint、Vetur 插件。

三、编程题

使用 VS Code 编辑器，编写程序实现图 1-14 所示结果。

图 1-14　编程题图

第2章 Vue基础

目前 Vue 是前端开发中最优秀的框架之一。本章首先介绍创建 Vue 的实例及 Vue 实例中的 data、methods、computed、watch 等选项，其次重点介绍事件及事件修饰符，最后介绍 Vue 生命周期及钩子函数。

【学习目标】

- 了解 Vue 实例
- 掌握 Vue 选项
- 理解 Vue 生命周期及钩子函数

2.1 Vue 实例

Vue 应用的开发离不开 Vue 实例，每个 Vue 应用都是通过 Vue.createApp() 创建新的 Vue 实例开始的。

2.1.1 创建 Vue 实例及挂载

创建 Vue 实例的基本代码如下：

```
<script>
    const app = Vue.createApp({
    /* 选项 */
})
  </script>
```

传递给 createApp 的选项用于配置根组件，该组件被用作渲染的起点。选项中可包含 data（数据对象）、methods（方法）、components（子组件）、computed（计算属性）、filters（过滤器）、watch（监听器）等选项。

每个实例需要被挂载到一个 DOM 元素，DOM 元素用作渲染的起点。例如，把一个 Vue 实例挂载到 <div id = "app"></div>，应该传入 #app，代码如下：

```
const vm = Vue.createApp().mount("#app")
```

2.1.2 Vue 数据与方法

实例化 Vue 对象时，需要在 data 中定义数据。data 选项是一个函数，它应该返回一个对象，然后 Vue 通过响应性系统将其包裹起来，并以 $data 形式存储在实例中。为方便起见，该对象的任何顶级 property 可直接通过组件实例暴露出来。

例 1：data 数据的绑定与显示。

```
1. <!DOCTYPE html>
2. <html lang="en">
3. <head>
4.     <meta charset="UTF-8">
5.     <meta name="viewport" content="width=device-width, initial-
       scale=1.0">
6.     <title>data 选项</title>
7.     <script src="vue.js"></script>
8. </head>
9. <body>
10.     <div id="app">{{num}}</div>
11.     <script>
12.         const app = {
13.             data() {
14.                 return {
15.                     num: 10
16.                 }
17.             }
18.         }
19.         const vm = Vue.createApp(app).mount("#app")
20.         console.log("vm.$data.num:" + vm.$data.num)
21.         console.log("vm.num:" + vm.num)
22.     </script>
23. </body>
24. </html>
```

程序运行结果如图 2－1 所示。

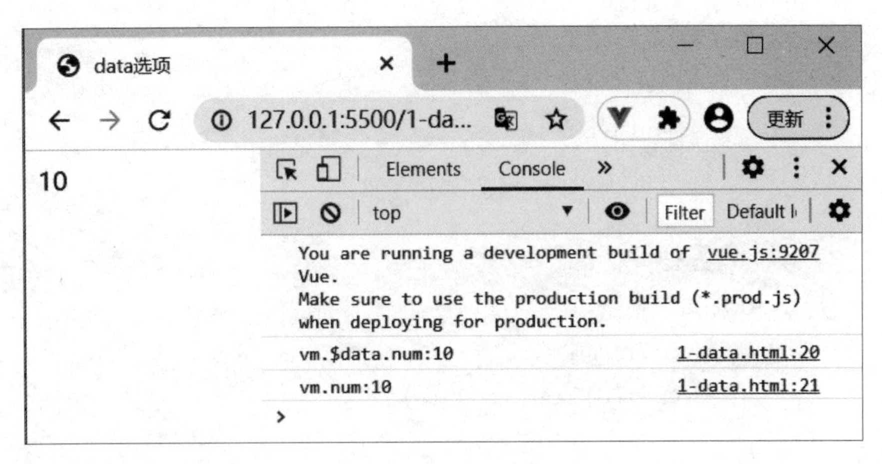

图 2－1　Vue 数据选项

代码第 20～21 行通过控制台分别输出 num 的值，同时，可在控制台中修改 num 的值，如图 2－2 所示。

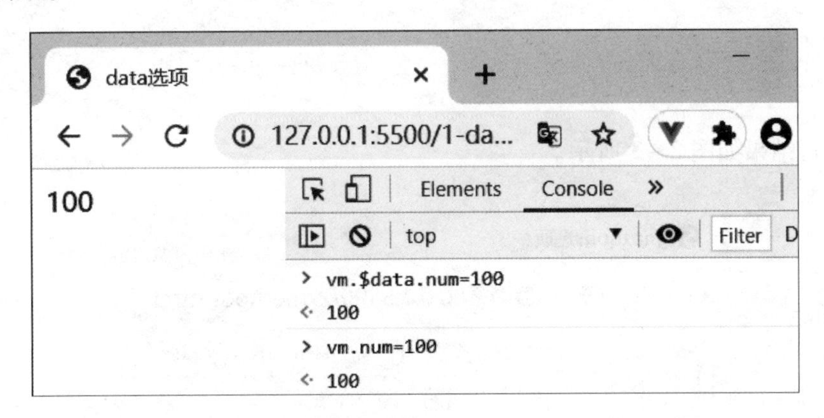

图 2－2　修改 data 中的数据

Vue 中的方法是通过 methods 选项实现的，Vue 自动为 methods 绑定 this，以便于它始终指向该实例。注意，在定义 methods 时，应避免使用箭头函数，如果使用 this，会出现指向错误。

例 2：单击“加 1”按钮给数据 num 加 1。

```
1. <body>
2.     <div id="app">
3.         <p>{{num}}</p>
4.     <button @click=add>加 1</button>
5.     </div>
6.     <script>
```

```
7.        const app = {
8.            data() {
9.                return {
10.                   num: 10
11.               }
12.           },
13.           methods:{
14.           add(){
15.               this.num ++
16.                console.log(vm.num)
17.             }
18.           }
19.       }
20.       const vm = Vue.createApp(app).mount("#app")
21.
22.     </script>
23. </body>
```

程序运行结果如图 2－3 所示。

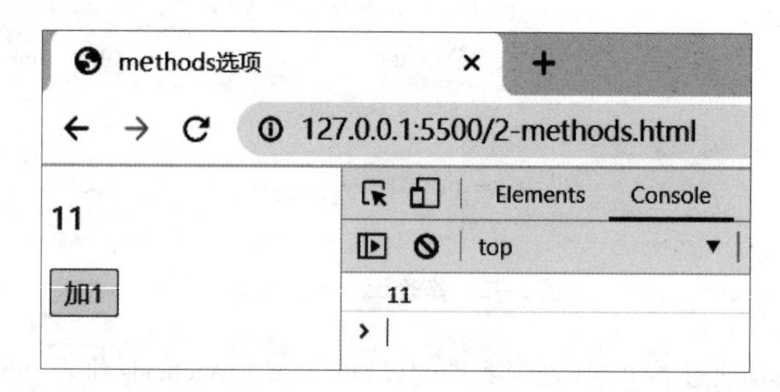

图 2－3　Vue 中的 methods 方法

2.2 计算属性和侦听属性

2.2.1 计算属性

计算属性需要在 computed 选项中定义。计算属性就是当其依赖属性的值发生变化时，它的属性值会自动更新，与之相关的 DOM 也会同步更新。

例3：计算属性。

```
1. <body>
2.     <div id="app">
3.         <p>单价:{{price}}</p>
4.         <p>数量:{{num}}</p>
5.         <p>通过msum方法求总价:{{msum()}}</p>
6.         <p>通过csum计算属性求总价:{{csum}}</p>
7.     </div>
8.     <script>
9.         const app = {
10.            data() {
11.                return {
12.                    price: 50,
13.                    num: 2,
14.                    discount: 1                }
15.            },
16.            methods: {
17.                msum() {
18.                  return this.price * this.num * this.discount
19.                }
20.            },
21.            computed: {
22.                csum() {
23.                  return this.price * this.num
24.                }
25.            }
26.        }
27.        const vm = Vue.createApp(app).mount("#app")
28.    </script>
29. </body>
```

程序运行结果如图2-4所示。

当改变单价或数量时，通过方法和计算属性求的总价都发生变化，但当改变折扣时，因为计算属性不依赖折扣，所以通过计算属性求的总价不发生变化，如图2-5所示。

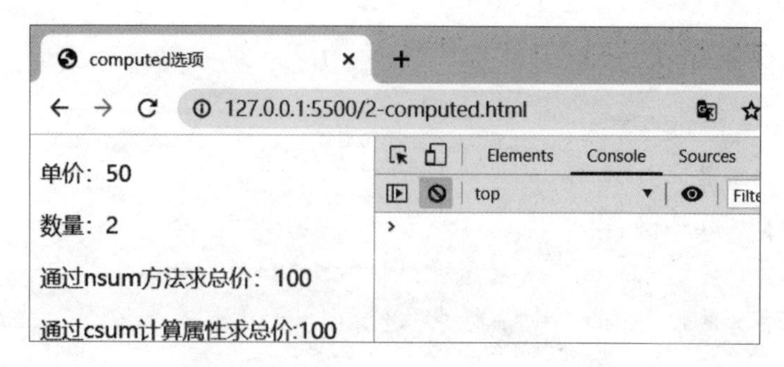

图 2-4　Vue 中的 computed 属性

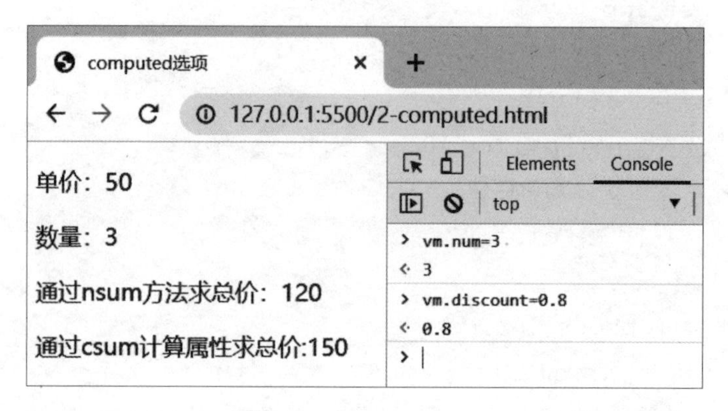

图 2-5　改变折扣后的总价

2.2.2 侦听属性

Vue 允许开发者使用侦听属性（watch 选项）为实例添加被观察对象，当对象改变时，自动调用开发者自定义的方法。

例 4：侦听属性。

```
1. <body>
2.     <div id="app">
3.         <p>单价:{{price}}</p>
4.         <p>数量:{{num}}</p>
5.         <p>总价:{{price * num}}</p>
6.     </div>
7.     <script>
8.         const app = {
9.             data() {
10.                return {
```

```
11.                     price: 50,
12.                     num: 3,
13.                 }
14.             },
15.             watch: {
16.                 price: function (newValue, oldValue) {
17.                     this.price = newValue
18.                     alert("原价:" + oldValue + "新价:" + newValue)
19.                 }
20.             }
21.         }
22.         const vm = Vue.createApp(app).mount("#app")
23.     </script>
24. </body>
```

程序运行效果如图 2－6 所示。

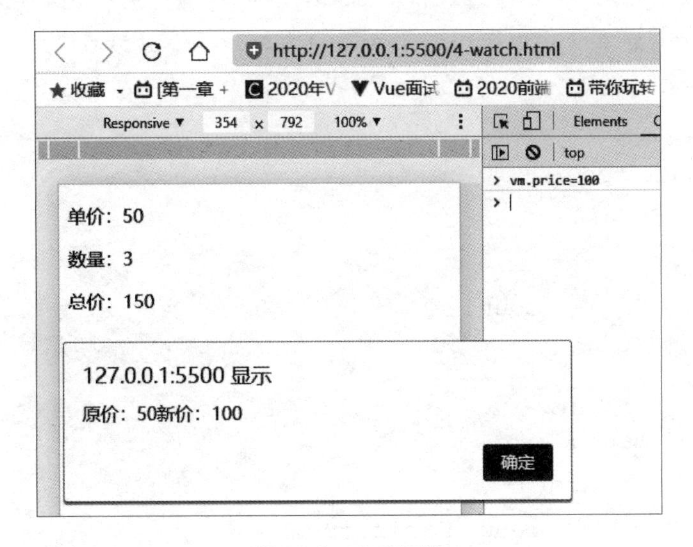

图 2－6　侦听属性

当在控制台中改变价格（vm. price = 100）时，侦听器监听到价格改变，自动执行侦听属性，确定后重新计算总价。

Vue 中计算属性和侦听属性都可以监听数据的变化。不同的是，计算属性只对依赖数据的变化进行操作，必须返回一个数据，而侦听属性侧重对监听的数据发生变化后执行相应的逻辑操作，不局限于返回数据。

2.3 事件

事件系统是 Web 开发中最常见的操作，Vue 对其进行了封装和拓展，使用“v-on:事件名（或@事件名）”进行定义。

2.3.1 事件监听及事件处理

Vue 中通过内置指令 v-on 监听 DOM 事件，当事件发生时，运行一段 JavaScript 代码或绑定事件处理方法。

例 5：事件监听及事件处理。

```
1. <body>
2.     <div id="app">
3.         <p>{{count}}</p>
4.         <button v-on:click="count--">减1</button>
5.         <button v-on:click=add()>加1</button>
6.     </div>
7.     <script>
8.       const app = {
9.         data() {
10.            return {
11.              count: 0
12.            }
13.        },
14.        methods: {
15.          add() {
16.            return this.count++
17.          }
18.        }
19.      }
20.      const vm = Vue.createApp(app).mount("#app")
21.    </script>
22. </body>
```

程序运行结果如图 2-7 所示。

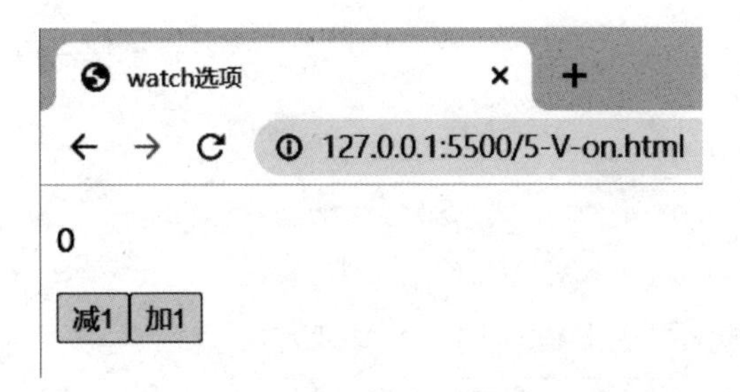

图2-7 监听事件及处理

2.3.2 事件修饰符

事件修饰符是对事件添加一些通用限制，例如阻止默认事件、阻止事件冒泡等行为。Vue 中对事件限制的通用格式为：

```
v-on:事件名.修饰符
```

Vue 中常用的事件修饰符有以下几个：

- .stop 阻止事件冒泡，等同于 JavaScript 中的 event.stopPropagation()。
- .capture 事件捕获，由外到内，与事件冒泡方向相反。
- .prevent 阻止默认事件，等同于 JavaScript 中的 event.preventDefalut()。
- .passive 执行默认事件。
- .self 只会触发自身范围内的事件。
- .once 事件只触发一次。

例6：事件捕获与阻止事件冒泡。

```
1. <body>
2.     <div id="app">
3.         <div id=box1 @click=box1>
4.             <div id="box2" @click=box2>
5.                 <div id="box3" @click=box3>事件捕获</div>
6.             </div>
7.         </div>
8.         <div id=box4 @click=box4>
9.             <div id="box5" @click=box5>
10.                <div id="box6"@click.stop=box6>box6<br>阻止事件
                   冒泡</div>
11.            </div>
12.        </div>
```

```
13.     </div>
14.     <script>
15.         const app = {
16.             methods: {
17.                 box1() {alert("box1")},
18.                 box2() {alert("box2")},
19.                 box3() {alert("box3")},
20.                 box4() {alert("box4")},
21.                 box5() {alert("box5")},
22.                 box6() {alert("box6")}
23.             }
24.         }
25.         const vm = Vue.createApp(app).mount("#app")
26.     </script>
27. </body>
```

程序运行效果如图 2-8 所示。

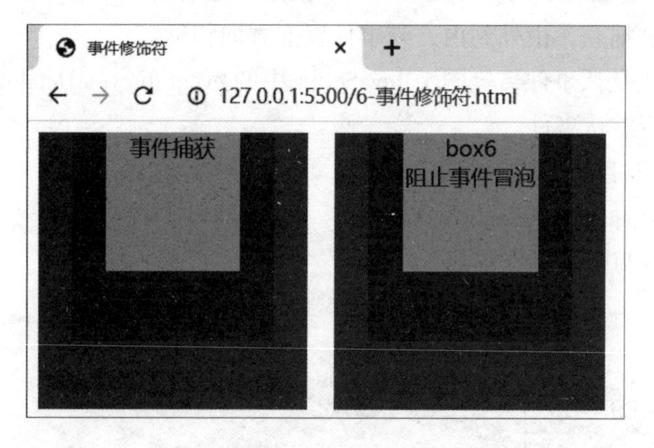

图 2-8 事件捕获与阻止事件冒泡

单击左图不同颜色框，会由内向外弹出相应警告框，单击右图中 box6 框，由于阻止事件冒泡，不会由内向外弹出警告框。

例 7：once 与 self 修饰符。

```
1. <body>
2.     <div id="app">
3.         <div id=box1 @click=box1>
4.             <div id="box2" @click=box2>
5.               <div id="box3" @click.once=box3>box3 只触发一次</div>
```

```
6.             </div>
7.         </div>
8.         <div id=box4 @click=box4 >
9.             <div id="box5" @click.self=box5 >
10.                <div id="box6" @click=box6 >触发 box6,不会触发 box5
                   </div>
11.             </div>
12.         </div>
13.     </div>
14.     <script>
15.         const app = {
16.             methods: {
17.                 box1() {alert("box1")},
18.                 box2() {alert("box2")},
19.                 box3() {alert("box3")},
20.                 box4() {alert("box4")},
21.                 box5() {alert("box5")},
22.                 box6() {alert("box6")}
23.             }
24.         }
25.         const vm = Vue.createApp(app).mount("#app")
26.     </script>
27. </body>
```

程序运行效果如图 2-9 所示。

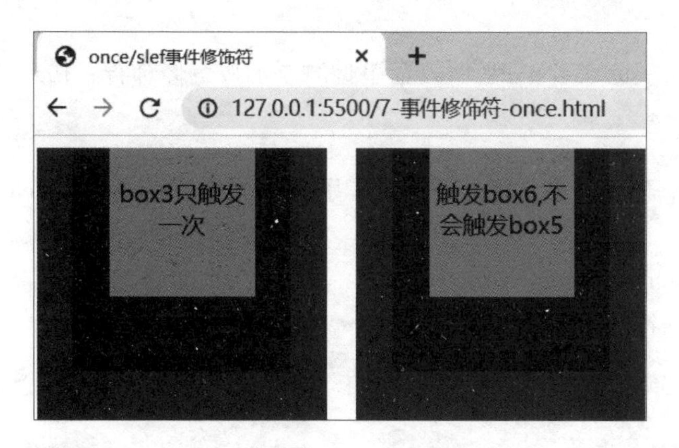

图 2-9 once 与 self 修饰符

单击左图中的 box3 框，只会触发一次；单击右图中的 box6 框，不会触发 box5 框。

例 8：阻止默认事件。

```
1. <body>
2.     <div id="app">
3.         <a href="http://www.baidu.com">单击1,打开百度网站</a><br>
4.         <a href="http://www.baidu.com" @click.prevent>单击2,阻止默
        认行为</a>
5.     </div>
6.
7.     <script>
8.         const app = {
9.         }
10.         const vm = Vue.createApp(app).mount("#app")
11.     </script>
12. </body>
```

程序运行效果如图 2-10 所示。

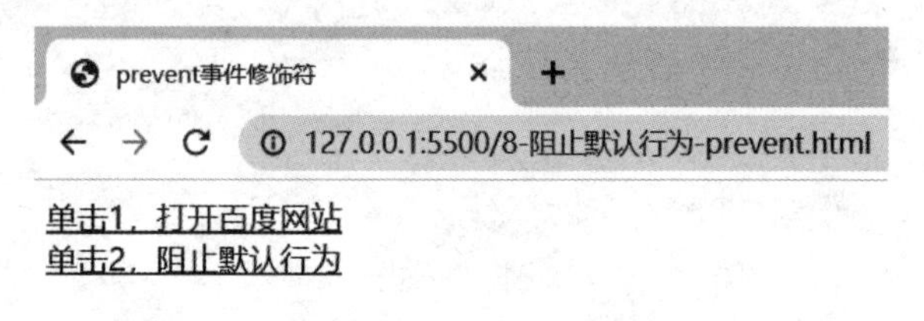

图 2-10　阻止默认事件

2.3.3　按键修饰符

Vue 中允许为 v-on 或者@在监听键盘事件时添加按键修饰符，格式如下：

```
@keyup.键名=事件
```

为了使用方便，Vue 为最常用的键提供了别名：.enter、.tab、.delete（捕获删除和退格键）、.esc、.space、.up、.down、.left、right，若需要使用组合键控制，Vue 同样提供了别名：.ctrl、.alt、.shift、.meta。

例 9：按键修饰符。

```
1. <body>
2.     <div id="app">
3.         <input type=text @keyup.enter=input v-model=cont place-
        holder="输入完成后,按回车">
```

```
4.     </div>
5.     <script>
6.        const app = {
7.           data() {
8.              return {
9.                 cont: ""
10.             }
11.          },
12.          methods: {
13.             input() {
14.                alert(this.cont)
15.             }
16.          }
17.       }
18.       const vm = Vue.createApp(app).mount("#app")
19.    </script>
20. </body>
```

程序运行效果如图 2 - 11 所示。

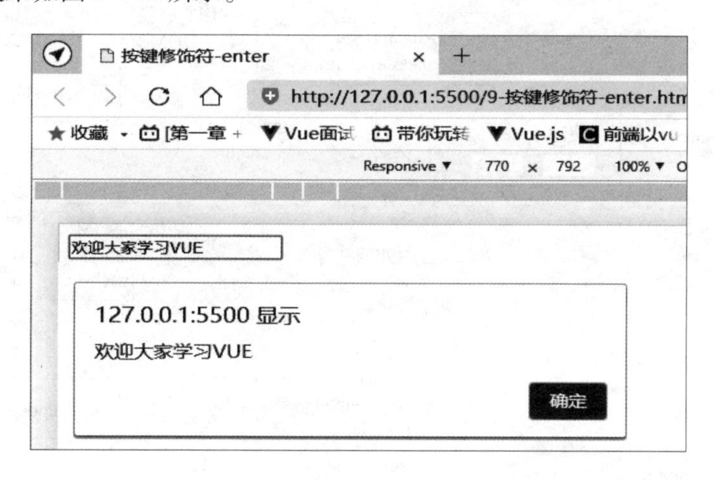

图 2 - 11 按键修饰符

2.4 Vue 生命周期

Vue 生命周期就是指 Vue 实例从创建到消亡的过程。在这个过程中有不同的时期，开发者可以用对应的生命周期钩子函数在合适的时期上执行相应的代码。生命周期如图 2 - 12 所示。

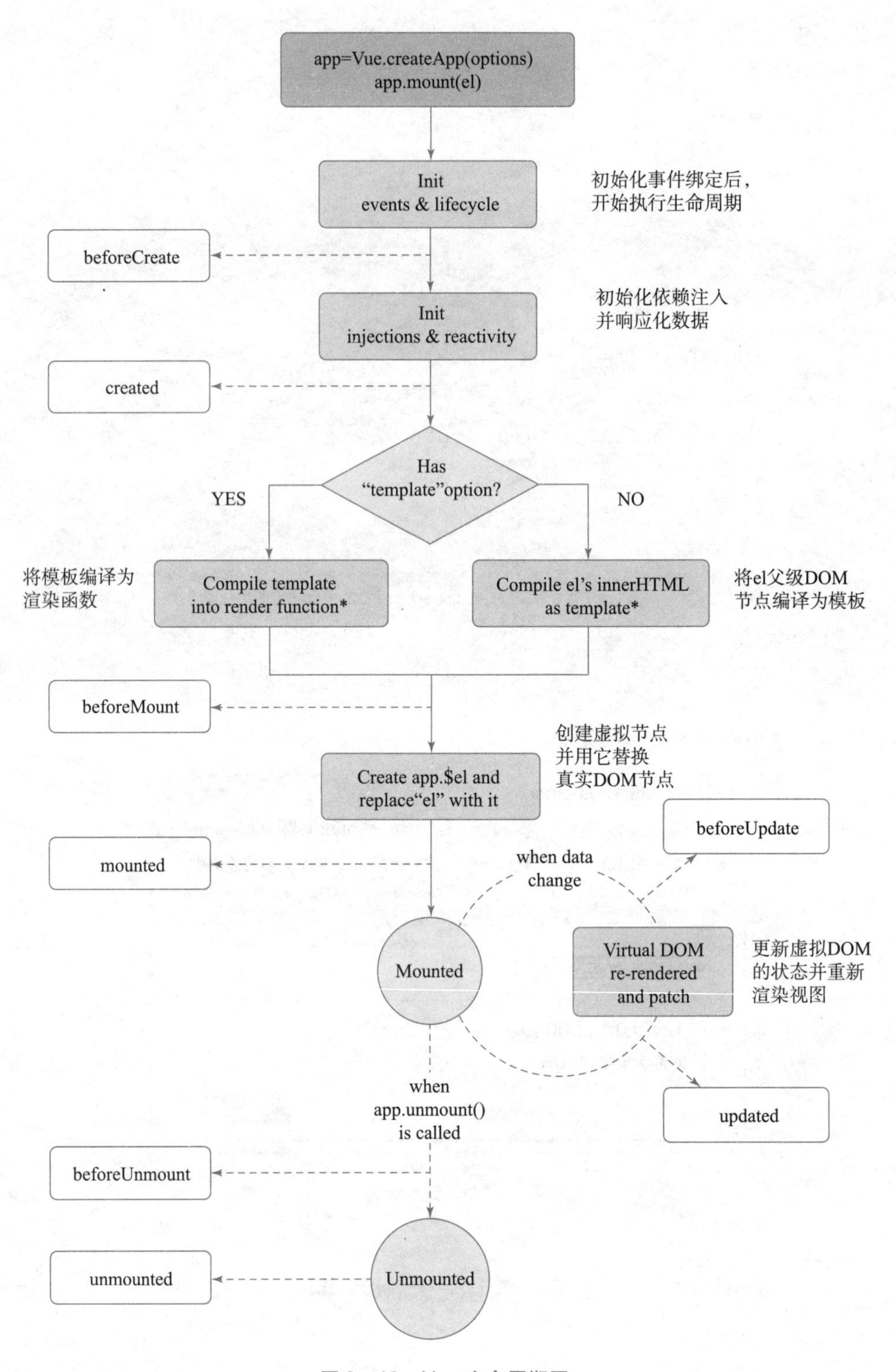

图 2－12　Vue 生命周期图

2.4.1 生命周期钩子函数

Vue实例中几个主要的生命周期钩子函数说明如下。

- beforeCreate，在Vue实例开始初始化时调用。
- created，在实例创建之后进行调用，此时尚未开始DOM编译。
- beforeMountVue，在Vue实例挂载之前，render函数首次被调时。
- mounted Vue，实例挂载到DOM节点上之后进行调用，相当于JavaScript中的window.onload()方法。
- beforeUpdate，当数据发生变化时，在虚拟DOM状态变化之前。
- updated，虚拟DOM被重新渲染之后调用。
- beforeUnmont，实例销毁之前，Vue实例依然可用。
- unmounted Vue，实例销毁之后，Vue实例及其子实例将完全解绑。

2.4.2 生命周期钩子函数实例

通过一个示例来了解Vue内部运行机制。

例10：生命周期钩子函数。

```
1. <body>
2.     <div id="app">
3.         <p>{{n}}</p>
4.         <button @click=n++>修改数据</button>
5.     </div>
6.     <script>
7.         const app = {
8.             data() {
9.                 return {
10.                    n: 1,
11.                }
12.            },
13.            beforeCreate() {
14.                console.log("1--beforeCreate")
15.            },
16.            created() {
17.                console.log("2--created")
18.            },
```

```
19.             beforeMount() {
20.                 console.log("3 --beforeMount")
21.             },
22.             mounted() {
23.                 console.log("4 --mounted")
24.             },
25.             beforeUpdate() {
26.                 console.log("5 --beforeUpdate")
27.             },
28.             updated() {
29.                 console.log("6 --updated")
30.             },
31.             beforeUnmount() {
32.                 console.log("7 --beforeUnmount")
33.             },
34.             unmounted() {
35.                 console.log("8 -unmounted")
36.             }
37.         }
38.         const vm = Vue.createApp(app).mount("#app")
39.     </script>
40. </body>
```

程序运行效果如图 2-13 所示。

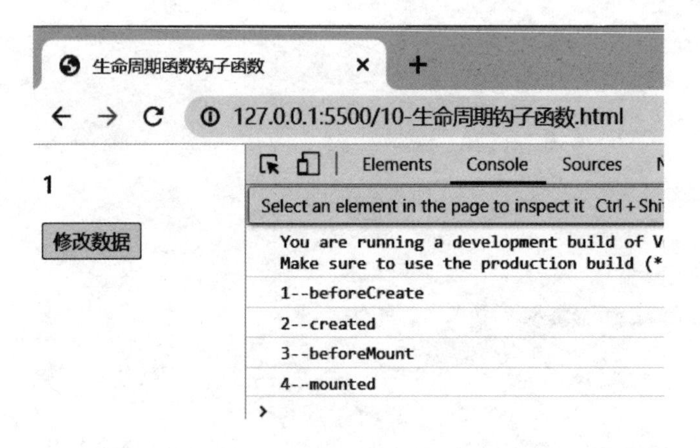

图 2-13　生命周期钩子函数运行图

单击“修改数据”按钮，进行数据更新，如图 2-14 所示。

图 2-14 更新数据后生命周期钩子函数运行图

在控制台输入 app. beforeUnmount( )和 app. unmounted( )后，出现图 2-15 所示界面。

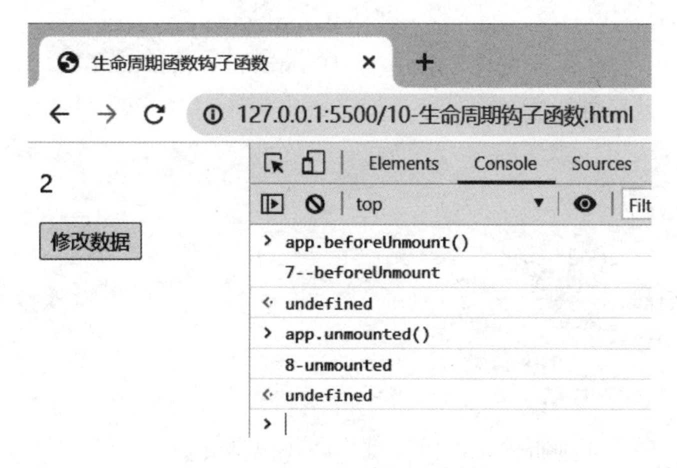

图 2-15 销毁之前及销毁钩子函数

习题与实践

一、选择题

1. Vue 实例的 data 属性，可以在（　　）生命周期中获取到。

A. beforeCreate　　B. created　　C. beforeMount　　D. mounted

2. 关于 Vue 的生命周期，下列说法不正确的是（　　）。

A. DOM 渲染在 mounted 中就已经完成了

B. Vue 实例从创建到销毁的过程，就是生命周期

C. created 表示完成数据观测、属性和方法的运算和初始化事件，此时$el 属性还未显示出来

D. 页面首次加载过程中，会依次触发 beforeCreate、created、beforeMount、mounted、beforeUpdate、updated

3. 下列对 Vue 原理的叙述，正确的有（　　）。

A. Vue 中的数组变更通知，通过拦截数组操作方法实现

B. 编译器目标是创建渲染函数，渲染函数执行后，将得到 VNode 树

C. 组件内 data 发生变化时，会通知其对应 watcher，执行异步更新

D. patching 算法首先进行同层级比较，可能执行的操作是节点增加、删除和更新

4. 对于 Vue 中响应式数据原理的说法，不正确的是（　　）。

A. 采用数据劫持方式，即 Object. defineProperty 劫持 data 中各属性，实现响应式数据

B. 视图中的变化会通过 watcher 更新 data 中的数据

C. 若 data 中某属性多次发生变化，watcher 仅会进入更新队列一次

D. 通过编译过程进行依赖收集

5. 以下是阻止默认事件的指令的是（　　）。

A. stop　　B. self　　C. prevent　　D. capture

6. 下列创建方法错误的是（　　）。

A. var fun =( )= > { }　　B. fun( ) { }

C. function fun( ) { }　　D. var fun = function( ) { }

7. 以下程序的运行结果是（　　）。

```
var app = {
        data() { return { x: 1, y: 2 } },
        created(){console.log(this.x) },
        mounted(){ console.log(this.y) }
   }
```

A. 1　　B. 2　　C. 1　2　　D. 2　1

8. 在 Vue 中，能够实现页面单击事件绑定的代码是（　　）

A. v - on:enter　　B. v - on:click

C. v - on:mouseenter　　D. v - on:doubleclick

9. 下列关于 Vue 实例对象的说法不正确的是（　　）

A. Vue 实例对象是通过 Vue. createApp( ) 创建的

B. Vue 实例对象只允许有唯一的根标签

C. 通过 methods 参数可以定义事件处理函数

D. Vue 实例对象中，data 数据不具有响应特性

10. 下面列出的钩子函数会在 Vue 实例销毁完成时执行的是（　　）

A. updated　　B. unmounted　　C. created　　D. mounted

二、实践题

1. 编写程序，实现计数功能，每秒自增 1。

2. 编写程序，实现浏览器中以“年 - 月 - 日 时:分:秒”形式显示当前时间。

3. 编写程序，实现功能如图 2 - 16（a）所示。当控制台改变单价、数量或折扣时，会自动计算，如图 2 - 16（b）所示。

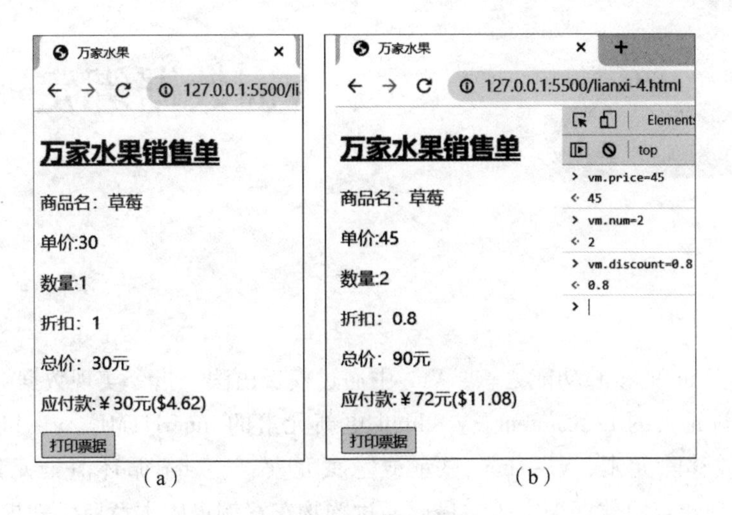

图 2 - 16　计算价格

第3章 Vue数据绑定

数据绑定是 Vue 的核心功能之一，Vue 中通过模板语法、指令实现数据绑定，其中指令包括 v – text 更新元素的 textContent、v – html 更新元素的 innerHTML、v – bind 绑定元素属性、v – if 生成或移除元素、v – show 显示或隐藏元素、v – for 循环渲染元素或模板、v – model 在表单上创建双向数据绑定等，最后通过购物车案例巩固本章所学知识。

【学习目标】

- Vue 模板语法
- Vue 指令 v – text、v – html
- Vue 指令 v – bind
- Vue 指令 v – if、v – else、v – else – if
- Vue 指令 v – show
- Vue 指令 v – for
- Vue 指令 v – model

3.1 Vue 模板语法

Vue 中使用 HTML 模板语法实现数据显示，其核心原理是 Vue 首先把模板语法编译成虚拟的 DOM 元素，经过智能计算后，最终生成合适的 DOM 树。

3.1.1 模板语法

模板语法中最常用的数据绑定是使用“Mustache”语法（双大括号）的文本插值：

```
{{数据}}
```

其作用是将双括号中的数据替换成对应属性值进行展示，其中数据可以是常量、变量、表达式、函数、HTML 代码等。

例 1：使用{{数据}}实现数据绑定。

```
1. <body>
2.     <div id="app">
3.         <p>绑定数值:{{num}}</p>
4.         <p>绑定字符串:{{str}}</p>
5.         <p>绑定逻辑值:{{bool}}</p>
6.         <p>绑定数组:{{arr}}</p>
7.         <p>绑定对象:{{obj}}</p>
8.         <p>绑定表达式:{{"姓名:"+obj.name+" 年龄: "+obj.age}}</p>
9.         <p>绑定 HTML:{{html}}</p>
10.         <p>绑定函数:{{show()}}</p>
11.     </div>
12.     <script>
13.         const app = {
14.             data() {
15.                 return {
16.                     num: 1,
17.                     str: "hello vue",
18.                     bool: false,
19.                     arr: [1, 2, 3, 4, 5],
20.                     obj: {
21.                         name: "lwk",
22.                         age: 20
23.                     },
24.                     html: '<h1>vue.js</h1>'
25.                 }
26.             },
27.             methods: {
28.                 show: function () {
29.                     return "你好,Vue"
30.                 }
31.             }
32.         }
33.         Vue.createApp(app).mount("#app")
34.     </script>
35. </body>
```

运行结果如图 3－1 所示。

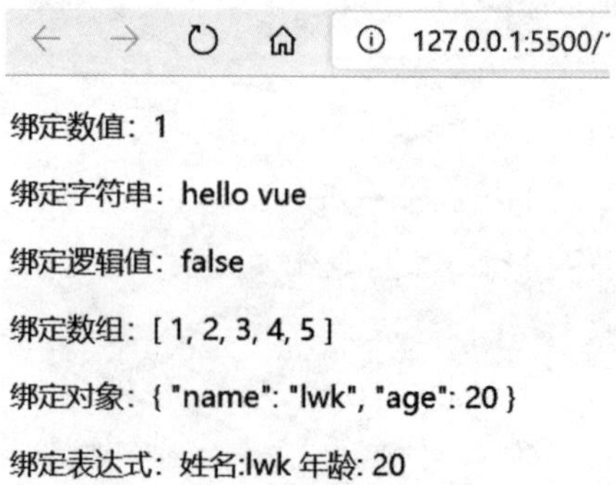

图 3－1 {{数据}} 数据绑定图

其中，第 3、4、5 行代码分别绑定数值、字符串和逻辑值；第 6、7 行代码绑定数组和对象；第 8 行绑定表达式；第 9 行绑定 HTML 标记，为了防止注入攻击，以普通文本形式解析；第 10 行绑定 show 方法。

3.1.2 v－text

Vue 中除了使用 {{数据}} 绑定数据外，使用 v－text 指令将数据插入标签，以普通文本处理。

例 2：使用 v－text 指令实现数据绑定。

```
1. <div id = "app" >
2.         <p  v-text = str > 此内容会被 v-text 的内容替换 </p >
3.         <p  v-text = html > </p >
4.     </div >
5.     <script >
6.         const app = {
7.             data() {
8.                 return {
9.                     str: "hello vue",
10.                    html:'<h1 >vue.js </h1 >',
11.                    }
12.             }
13.         }
14.         Vue.createApp(app).mount("#app")
15.     </script >
```

运行结果如图 3－2 所示。

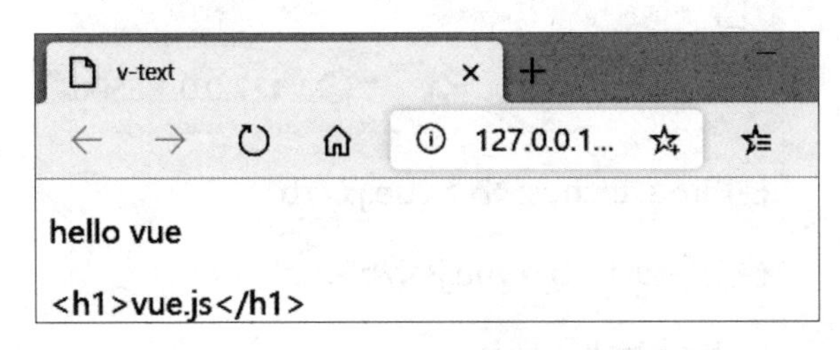

图 3－2　v－text 数据绑定

v－text 数据绑定时，将用 v－text 的数据内容替换子元素内容，注意观察第 2 行显示结果。

3.1.3　v－html

若要输出真正的 HTML 内容，需要使用 v－html 指令。

例 3：使用 v－html 指令实现数据绑定。

```
1. <div id="app">
2.          <p>使用 mustaches:{{html}}</p>
3.          <p>使用 v-text:<span v-text=html></span></p>
4.          <p>使用 v-html: <span v-html=html></span></p>
5.     </div>
6.     <script>
7.        const app = {
8.            data() {
9.                return {
10.                   html:'<b >vue.js</b>'
11.               }
12.           }
13.       }
14.       Vue.createApp(app).mount("#app")
15.     </script>
16.
```

运行结果如图 3－3 所示。

{{}} 和 v－text 将数据解析为普通文本，v－html 将数据解析为 HTML 标签内容，因此不建议对不可信的内容采用 v－html 指令。

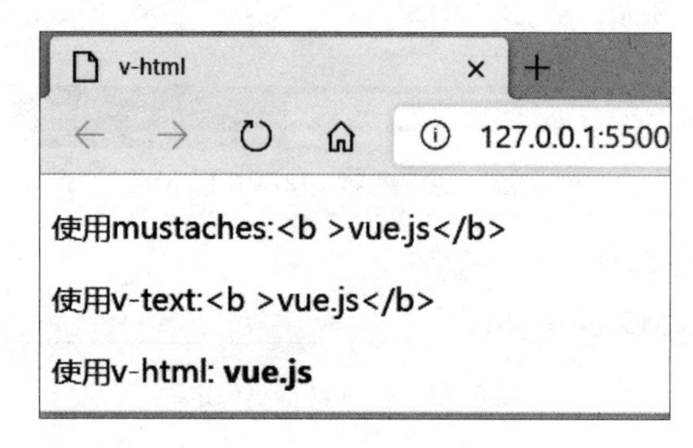

图 3－3　v－html 数据绑定

3.2 v－bind

Vue 中通过{{数据}}、v－text、v－html 实现元素数据绑定，若要实现 HTML 元素的属性动态更新绑定，则需要使用 v－bind 指令。

例 4：使用 v－bind 指令。

```
1. <div id = "app" >
2.           <img src =1
3.           <img v -bind:src = img >
4.           <img :src = img >
5.      </div >
6.      <script >
7.         const app  = {
8.            data() {
9.               return {
10.                  img: "1.jpg",
11.               }
12.            }
13.      }
14.      Vue.createApp(app).mount("#app")
15. </script >
16.
```

运行结果如图 3－4 所示。

其中，第 2 行代码为 HTML 普通属性，第 3 行代码 src 属性绑定数据 img 的值，第 4 行代码采用简写格式实现 v－bind 数据绑定。

图 3－4　v－bind 属性绑定

3.2.1 class 属性绑定

在应用 v－bind 对元素的 class 属性进行绑定时，绑定的数据可以是字符串、数组、对象或计算属性，从而动态地切换元素的 class，并且 v－bind:class 可以和原生的 class 并存，互不影响。

例 5：使用 v－bind:class 指令。

```
1. <style>
2.         .c1{
3.             color:red
4.         }
5.         .c2{
6.             font-size:20px
7.         }
8.         .c3{
9.             text-decoration: underline;
10.         }
11.     </style>
12. <div id="app">
13.         <p v-bind:class=classStr>绑定数据为字符串</p>
14.         <p v-bind:class=classArr>绑定数据为数组</p>
15.         <p v-bind:class=classObj>绑定数据为对象</p>
16.         <p v-bind:class=classNoObj>未绑定数据为对象</p>
17.         <p class=c3 v-bind:class=classObj> v-bind:class 与原生
        css 共存 </p>
18.
19.     </div>
20.     <script>
21.         const app = {
```

```
22.             data() {
23.                 return {
24.                     classStr:"c1  c2",
25.                     classArr:["c1","c2"],
26.                     classObj:{
27.                         c1:true,
28.                         c2:true
29.                     },
30.                     classNoObj:{
31.                         c1:0,
32.                         c2:""
33.                     }
34.                 }
35.             }
36.         }
37.         Vue.createApp(app).mount("#app")
38.     </script>
```

运行结果如图 3 – 5 所示。

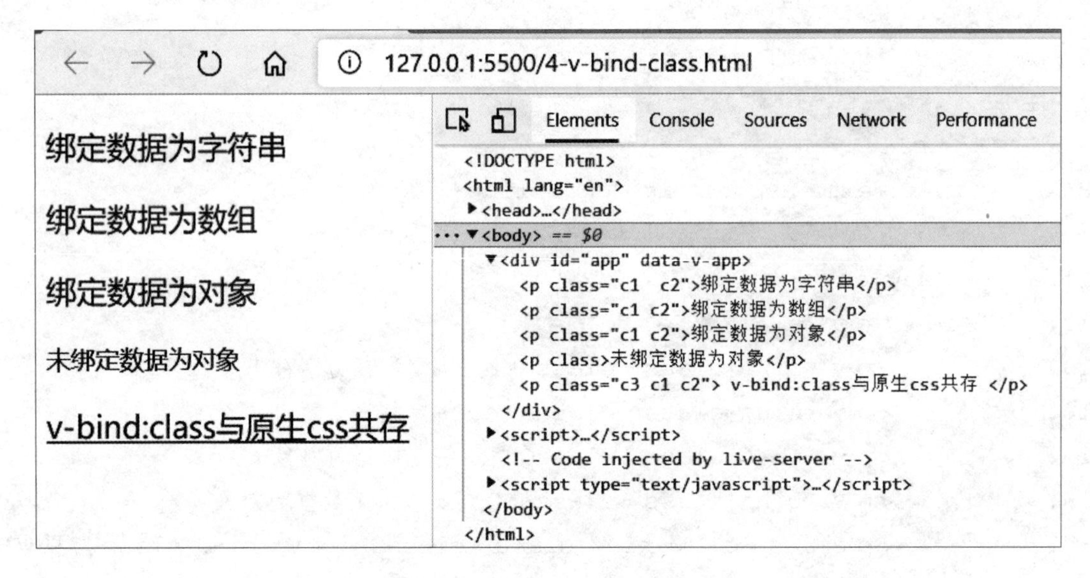

图 3 – 5　v – bind：class 运行图

代码中第 13 行中的绑定数据为字符串，拼接字符串为两个 class 类名；第 14 行绑定数据为数组，数组元素为两个 class 类名。第 15、16 行的绑定数据为对象，当使用对象绑定类名时，类名作为对象键名，当键值为真时，类名将被绑定到节点；当键值为假时，类名将不

被绑定到节点上；第 17 行代码中原生 class 和 v-bind:class 共存，其结果共同起作用。

3.2.2 style 属性绑定

在应用 v-bind 对元素的 style 属性进行绑定时，绑定的数据可以是字符串、数组、对象或计算属性，从而动态地切换元素的 style，并且 v-bind:style 可以和原生的 style 并存，互不影响。

另外，在书写 CSS 属性名时，通常采用驼峰式（cameCase）或短横线分隔（kebab-case，并且用单引号括起来），如 fontSize 或 font-size。

例 6：使用 v-bind:style 指令。

```
1. <div id="app">
2.         <p v-bind:style=styleStr>绑定数据为字符串</p>
3.         <p v-bind:style="[c1,c2]">绑定数据为数组</p>
4.         <p v-bind:style=styleObj>绑定数据为对象</p>
5.         <p v-bind:style="{color:'blue',background:'pink'}">绑定数
        据为字符串对象</p>
6.         <p style="text-decoration: underline" v-bind:style=
        styleObj>绑定数据为对象</p>
7.     </div>
8.     <script>
9.         const app = {
10.             data() {
11.                 return {
12.                     styleStr: "color:red;font-size:20px",
13.                     c1: {'color':'red'},
14.                     c2: {'font-size':'20px'},
15.                     styleObj: {
16.                         color:'red',
17.                         'font-size':'20px'
18.                     }
19.                 }
20.             }
21.         }
22.         Vue.createApp(app).mount("#app")
23. </script>
```

运行结果如图 3-6 所示。

图3-6　v-bind:style 运行图

代码中第2行绑定数据为拼接字符串；第3行绑定数据为数组，数组元素为两个对象；第4行绑定数据为对象；第5行绑定数据为字符串对象；第6行代码中原生 style 和v-bind:style 共存，其结果共同起作用。

3.3 条件渲染

在视图中，经常需要控制某些 DOM 元素的显示与隐藏，Vue 中提供了 v-show、v-if、v-else、v-else-if 多条指令实现条件判断。

3.3.1 v-show

v-show 指令是根据表达式的值来判断 DOM 元素是否显示或隐藏，当表达式的值为 true 时，元素被显示；当表达式的值为 false 时，元素被隐藏，此时为元素添加 style = display: none。无论表达式的值为 true 或 false，该元素始终会被渲染并保留在 DOM 中，绑定值的改变只是简单地切换元素的 CSS 属性 display。

例7： v-show 指令。

```
1. <div id="app">
2.         <p v-show=bool>元素内容1</p>
3.         <p v-show=! bool>元素内容2 /p>
4.         <button @click=show()>切换</button>
5.         <p>bool 的值:{{bool}}</p>
6.     </div>
7.     <script>
8.         const app = {
```

```
9.            data() {
10.               return {
11.                   bool: true
12.               }
13.           },
14.           methods: {
15.               show() {
16.                   this.bool = ! this.bool
17.               }
18.           }
19.       }
20.       var vm = Vue.createApp(app).mount("#app")
21.   </script>
```

运行结果如图 3-7 所示。

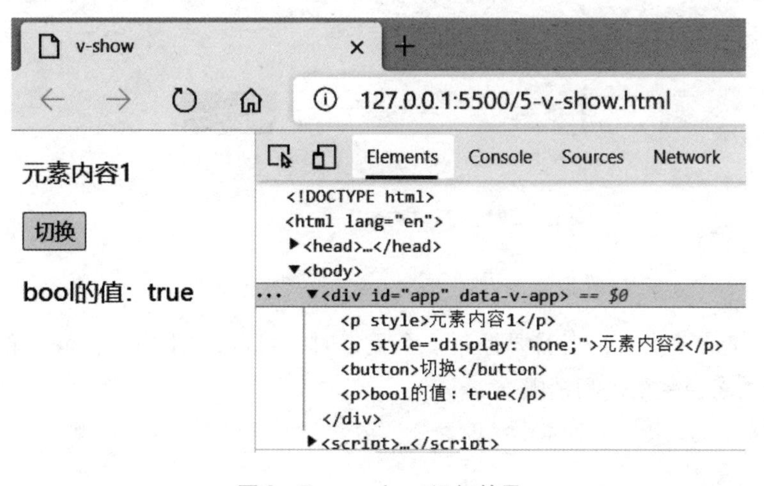

图 3-7　v-show 运行效果

当 bool 为 true 时，显示第 2 行“元素内容 1”，不显示第 3 行“元素内容 2”；单击“切换”按钮，bool 为 false 时，显示第 3 行内容，不显示第 2 行内容。

3.3.2　v-if

v-if 指令是根据表达式的值来判断 DOM 元素是重建还是销毁，当 v-if 为真时，重建该元素，当 v-if 为假时，销毁该元素。一般来说，v-if 有更高的切换开销，而 v-show 有更高的初始渲染开销。因此，如果需要非常频繁地切换，则使用 v-show 较好；如果在运行时条件很少改变，则使用 v-if 较好。

例 8：v－if 指令。

```
<div id = "app" >
        <p v - if = "bool" > v - if 为真时,显示本内容 < /p >
        <p v - if = "! bool" >v - if 为假,不显示本内容 < /p >
    < /div >
    < script >
        const app = {
            data() {
                return {
                    bool: true
                }
            }
        }
        var vm = Vue.createApp(app).mount("#app")
  < /script >
```

运行结果如图 3－8 所示。

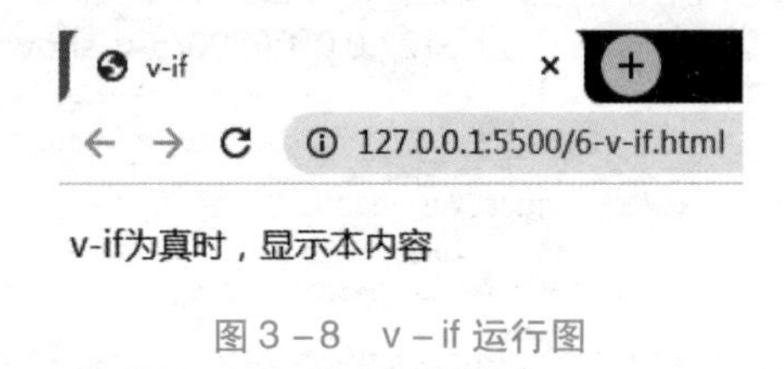

图 3－8　v－if 运行图

由于 v－if 是一条指令，当需要控制多个元素时，可以采用 <template> 包含多个元素，组成一个代码块来控制重建和销毁。

```
 < div id = "app" >
      < template v - if = "bool" >
          < h2 >前端三大框架 < /h2 >
          < p >Vue < /p >
          < p >Angular < /p >
          < p >React < /p >
      < /template >
  < /div >
  < script >
     const app = {
        data() {
            return {
```

```
                bool: true
            }
        }
    }
    var vm = Vue.createApp(app).mount("#app")
</script>
```

运行结果如图3-9所示。

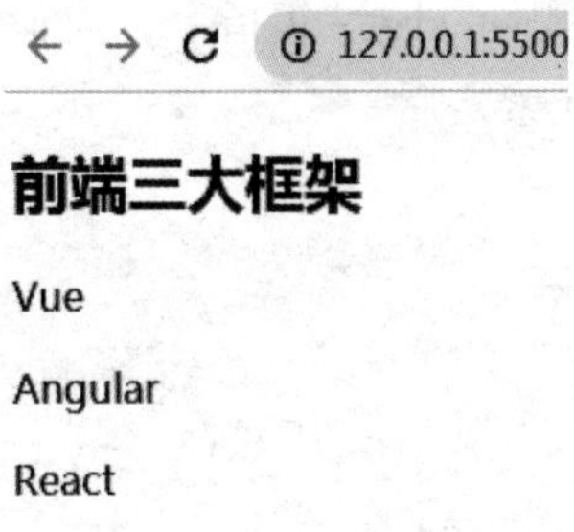

前端三大框架

Vue

Angular

React

图3-9 v-if代码块运行图

3.3.3 v-else

当v-if指令为真时，显示v-else元素，当v-if指令为假时，可借用v-else来显示另外的内容。v-else元素必须紧跟在带v-if或者v-else-if的元素的后面，否则，它将不会被识别。

例9： v-else指令。

```
1. <div id="app">
2.         <p v-if="bool"> v-if为真时,显示本内容</p>
3.         <p v-else>v-if为假时,显示本内容</p>
4.     </div>
5.     <script>
6.        const app = {
7.           data() {
8.              return {
9.                 bool: false
10.             }
11.          }
12.       }
13.       var vm = Vue.createApp(app).mount("#app")
14. </script>
```

运行结果如图 3－10 所示。

← → C ⓘ 127.0.0.1:5500/7-v-else.html

v-if为假时，v-else为真，显示本内容

图 3－10　v－else 运行图

3.3.4　v－else－if

当有多个条件判断时，可采用 v－else－if 指令，类似于 v－else。v－else－if 也必须紧跟在带 v－if 或者 v－else－if 的元素之后。

例 10：v－else－if 指令。

```
1. <div id="app">
2.         <p v-if="val=='A'">当 val 的值为 A 时,显示 AAA</p>
3.         <p v-else-if="val=='B'">当 val 的值为 B 时,显示 BBB</p>
4.         <p v-else-if="val=='C'">当 val 的值为 C 时,显示 CCC</p>
5.         <p v-else>当 val 的值不为 A/B/C 时,显示 A/B/C</p>
6.         <button @click=change('A')> val 的值为 A</button>
7.         <button @click=change('B')> val 的值为 B</button>
8.         <button @click=change('C')> val 的值为 C</button>
9.         <button @click=change('X')> val 的值为 X</button>
10.
11.     </div>
12.     <script>
13.       const app = {
14.           data() {
15.               return {
16.                   val: "C"
17.               }
18.           },
19.           methods: {
20.               change: function (para) {
21.
22.                   return this.val = para
23.               }
24.           }
25.
26.     }
27.     var vm = Vue.createApp(app).mount("#app")
28. </script>
```

运行结果如图 3－11 所示。

当val的值不为A/B/C时，显示非A/B/C

图 3－11 v－else－if 运行图

3.4 v－for

v－for 指令基于一个数组或对象来渲染一个列表。

3.4.1 v－for

v－for 指令需要使用（item,index）in items 形式的特殊语法。其中，items 是源数据数组，item 则是被迭代的数组元素的别名，index 是数组元素的索引项。在 Vue 新版中，为了便于跟踪每个节点，从而重用和重新排序现有元素，建议为每项提供唯一 key 属性，理想的 key 值是每项都有唯一字符串或数值类型的值。

例 11：v－for 指令。

```
1. <div id = "app" >
2.         <h2 >显示数组 </h2 >
3.         <ul >
4.             <li v-for = "(item,index) in list1" :key = "index" >{{in-
             dex}} --{{item}} </li >
5.         </ul >
6.         <h2 >显示对象 </h2 >
7.         <ul >
8.             <li v-for = "(item,index) in list2" :key = "index" > {{i-
             tem}} </li >
9.         </ul >
10.         <h3 >显示对象的索引项、键和值 </h3 >
11.         <ul >
12.             <li              v-for = "(val,key,index)
13. list2" :key = "index" >{{index}} ---{{key}} --{{val}} </li >
```

```
14.         </ul>
15.     </div>
16.     <script>
17.         const app = {
18.             data() {
19.                 return {
20.                     list1: ['Java','JavaScript','Python','PHP'],
21.                     list2: {
22.                         name: "lwk",
23.                         age: 18,
24.                         ht: 176,
25.                         wt: 65
26.                     }
27.                 }
28.             }
29.         }
30.         var vm = Vue.createApp(app).mount("#app")
31. </script>
```

运行结果如图 3－12 所示。

← → C ⓘ 127.0.0.1:5500/9-v-for.html

显示数组

- 0--Java
- 1--JavaScript
- 2--Python
- 3--PHP

显示对象

- lwk
- 18
- 176
- 65

显示对象的索引项、键和值

- 0---name--lwk
- 1---age--18
- 2---ht--176
- 3---wt--65

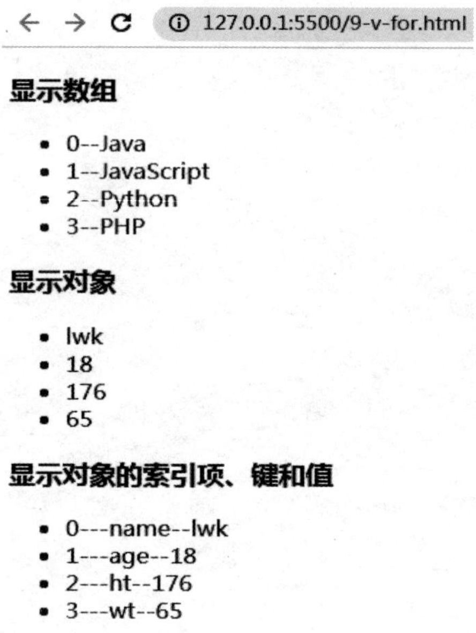

图 3－12　v－for 运行图

3.4.2　双重 v – for

若要显示多重数据，可采用双重 v – for 指令实现。

例 12： v – for 指令。

```
1. <div id = "app" >
2.         <p>布局"四个全面",树牢"四个意识",坚定"四个自信"</p>
3.         <ul>
4.             < li  v-for = " ( item, index )  in  list ": key  =  index  >
               {{item.title}}
5.                 <ol>
6.                     < li v-for = " (text, i) in item.cont " :key = i >
                       {{text}} </li>
7.                 </ol>
8.
9.             </li>
10.         </ul>
11.     </div>
12.     <script>
13.       const app  =  {
14.           data() {
15.               return {
16.                   list: [
17.                       {
18.                           title: "四个全面",
19.                           cont: ['全面建成小康社会', '全面深化改革', '全面依
                            法治国','全面从严治党']
20.
21.
22.                       },
23.                       {
24.
25.                           title: "四个意识",
26.                           cont: ['政治意识', '大局意识', '核心意识', '看齐意
                            识']
27.                       },
28.                       {
29.                           title: "四个自信",
```

```
30.                             cont: ['道路自信', '理论自信', '制度自信', '文化自信']
31.                         }
32.                     ]
33.                 }
34.             }
35.         }
36.         var vm = Vue.createApp(app).mount("#app")
37. </script>
```

运行结果如图 3 – 13 所示。

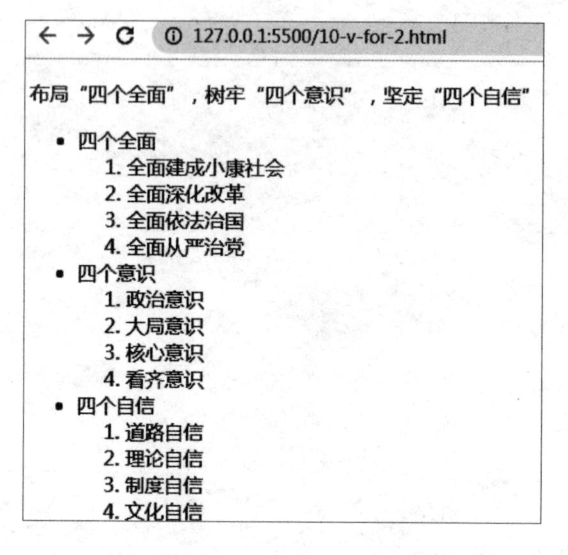

图 3 – 13　v – for 运行图

3.5 v – model

在 Vue 中，通过 v – model 指令实现数据在 View 和 Model 之间双向绑定。当表单中元素值的改变时，Vue 实例中对应的数据也会随之更新，反之亦然。v – model 会忽略所有表单元素的 value、checked、selected 特性的初始值而使用 Vue 实例的数据作为数据来源，因此，应该在 data 选项中声明数据值。

3.5.1 绑定文本框

v – model 指令可以绑定到单行文本框（text）、密码框（password）和多行文本框（textarea）表单元素中实现数据双向绑定。在文本框中，v – model 使用 value 属性和 input 事件。

例 13：v-model 绑定文本框。

```
1. <div id="app">
2.         <p>绑定单行文本框及密码框</p>
3.         <p>姓名:<inpu type="text" v-model=username></p>
4.         <p>密码:<input type="password" v-model=pwd></p>
5.         <p> 绑定单行文本框及密码框内容:姓名:{{username}}密码:{{pwd}}</p>
6.         <p>绑定多行文本框</p>
7.        <textarea cols="30" rows="5" v-model=cont> </textarea>
8.        <p>绑定的多行文本框内容:{{cont}}</p>
9.   </div>
10.    <script>
11.        const app = {
12.            data() {
13.                return {
14.                    username: "",
15.                    pwd: "",
16.                    cont: ""
17.                }
18.            }
19.        }
20.        var vm = Vue.createApp(app).mount("#app")
21. </script>
```

运行结果如图 3-14 所示。

图 3-14 v-model 绑定文本框运行图

3.5.2 绑定单选按钮

当某个单选按钮被选中时，v - model 绑定的属性值会绑定到该单选按钮的 value 值。

例 14： v - model 绑定单选按钮。

```
1. <div id = "app" >
2.         <p >绑定单选按钮 </p >
3.         <p >性别:<input type = "radio" v -model =gender value ='男' >男
4.             <input type = "radio" v -model =gender value ='女' >女
5.         </p >
6.         <p >当前选中项:{{gender}} </p >
7.     </div >
8.     <script >
9.         const app = {
10.            data() {
11.                return {
12.                    gender: "男"
13.                }
14.            }
15.        }
16.        var vm = Vue.createApp(app).mount("#app")
17.    </script >
```

运行结果如图 3 - 15 所示。

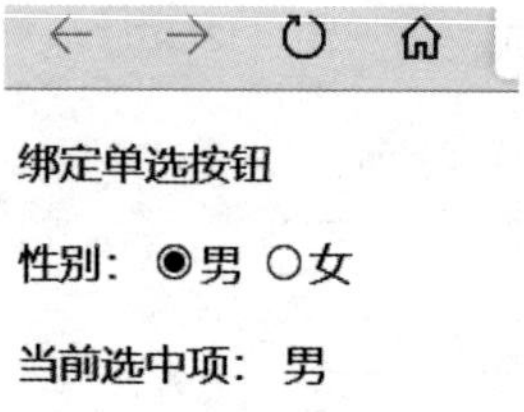

绑定单选按钮

性别: ◉男 ○女

当前选中项: 男

图 3 - 15　v - model 绑定单选按钮

3.5.3 绑定复选框

v - model 绑定单个复选框时，选中复选框时，数据值为 true，没有选中时，数据值为 false，或通过 true - value、false - value 来重新定义选中或未选中的值。v - model 要绑定多个复选框时，绑定到同一个数组，被选中的添加到数组中。

例 15： v－model 绑定复选框。

```
1. <div id="app">
2.     <p>绑定单个复选框：<input type="checkbox" v-model=check1>
    {{check1}}</p>
3.     <p>绑定单个复选框：<input type="checkbox" v-model=check2 true-
    value="选中" false-value="未选中">{{check2}}</p>
4.      <p>绑定多个复选框</p>
5.      爱好：
6.      <input type="checkbox" value="听音乐" v-model=hobby>听音乐
7.      <input type="checkbox" value="打篮球" v-model=hobby>打篮球
8.      <input type="checkbox" value="写代码" v-model=hobby>写代码
9.      </p>
10.      <p>当前选中项：{{hobby.join(",")}}</p>
11.  </div>
12.  <script>
13.     const app = {
14.        data() {
15.           return {
16.              check1:"",
17.              check2:"",
18.              hobby:[]
19.           }
20.        }
21.     }
22.     var vm = Vue.createApp(app).mount("#app")
23. </script>
```

运行结果如图 3－16 所示。

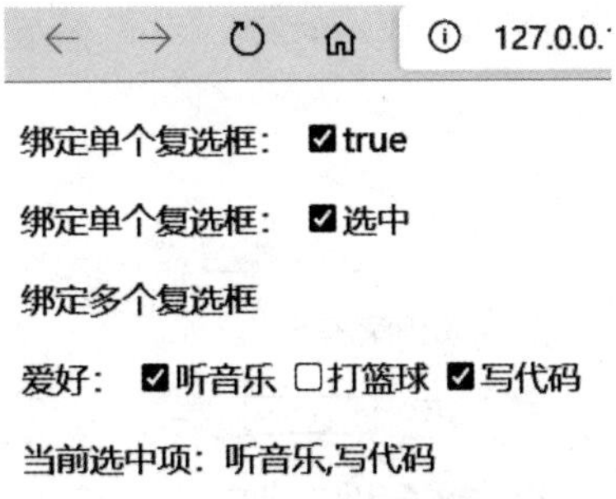

127.0.0.

绑定单个复选框：☑true

绑定单个复选框：☑选中

绑定多个复选框

爱好：☑听音乐 ☐打篮球 ☑写代码

当前选中项：听音乐,写代码

图 3－16　v－model 绑定复选框

3.5.4 绑定列表框

v－model 绑定 select 元素时，为了兼容 iOS，通常提供一个值为空的禁用选项。

例 16：v－model 绑定列表框。

```
1. <div id="app">
2.         <p>绑定列表框</p>
3.         <p>城市:
4.             <select v-model="address">
5.                 <option disabled value="">请选择</option>
6.                 <option v-for="(item,index) in city" :key=index>
                   {{item}}</option>
7.
8.             </select>
9.         </p>
10.         当前选中项:{{address}}
11.
12.     </div>
13.     <script>
14.         const app = {
15.             data() {
16.                 return {
17.                     address: "",
18.                     city: ['北京', '上海', '广州', '西安']
19.                 }
20.             }
21.         }
22.         var vm = Vue.createApp(app).mount("#app")
23.     </script>
```

运行结果如图 3－17 所示。

图 3－17 v－model 绑定列表框

3.5.5 绑定修饰符

Vue 为 v-model 指令提供 number、trim 和 lazy 修饰符，通过使用这些修饰符为用户提供方便。

在 v-model 中使用 number 修饰符，可以自动将用户的输入转换为数值类型，该修饰符只对开始是数字的字符串有效，当数字为非数字字符时，属性值不再变化；使用 trim 修饰符，自动取消用户输入内容的首尾空格；使用 lazy 修饰符，将原本绑定在 input 事件的同步逻辑延迟到 change 事件上。

例 17：v-model 绑定修饰符。

```
1. <div id="app">
2.         <p>1.number 修饰符----只接受数字输入</p>
3.         <input type=text v-model.number="num"><br>
4.         {{num}}
5.         <p>2.lazy 修饰符----延迟绑定时机 </p>
6.         <input type=text v-model.lazy="name"><br>
7.         {{name}}
8.         <p>3.trim 修饰符--自动取消用户输入内容的首尾空格</p>
9.         <input type=text v-model.trim="txt"><br>
10.         {{txt}}
11.     </div>
12.     <script>
13.         const app = {
14.             data() {
15.                 return {
16.                     num:"",
17.                     name: "",
18.                     txt: ""
19.                 }
20.             }
21.         }
22.         var vm = Vue.createApp(app).mount("#app")
23.     </script>
```

运行结果如图 3-18 所示。

127.0.0.1:5500/12-v-

1.number修饰符---- 只接受数字输入

521vue

521

2.lazy修饰符----延迟绑定时机

hello vue

hello vue

3.trim修饰符--自动取消用户输入内容的首尾空格

hello vue

hello vue

图 3－18　v－model 绑定修饰符

3.6 自定义指令

Vue 中的 v－text、v－html、v－bin、v－on、v－model 等指令是 Vue 提供的内置指令，可直接使用，能满足大部分业务需求，但 Vue 也允许用户自定义指令，来实现一些特殊功能或对 DOM 进行底层操作。

Vue 中的自定义包括全局注册和局部注册，定义指令时，不用编写 v－，只写指令名；使用时，编写 v－指令名。

全局注册的指令如下所示。

```
const app = Vue.createApp({})
//注册一个全局自定义指令'v-focus'
app.directive('focus', {
//当被绑定的元素挂载到 DOM 中时……
mounted(el) {
    //聚焦元素
    el.focus()
  }})
```

如果想注册局部指令，在组件中接受一个 directives 的选项：

```
directives: {
   //v-focus 指令的定义
  focus: {
     mounted(el) {
     el.focus()
       }
}}
```

然后可以在模板中任何元素上使用新的 v - focus 指令，例如：

```
<input v-focus />
```

3.6.1　自定义指令构成

一个自定义指令对象可以包含以下几个钩子函数（均为可选）：

- created：在绑定元素的 attribute 或事件监听器被应用之前调用。
- beforeMount：当指令第一次绑定到元素并且在挂载父组件之前调用（元素插入 DOM 元素）。
- mounted：在绑定元素的父组件被挂载后调用。
- beforeUpdate：在更新包含组件的 VNode 之前调用。
- updated：在包含组件的 VNode 及其子组件的 VNode 更新之后调用。
- beforeUnmount：在卸载绑定元素的父组件之前调用。
- unmounted：当指令与元素解除绑定且父组件已卸载时，只调用一次。

例如：

```
const app = Vue.createApp({})
//注册
app.directive('my-directive', {
  //指令是具有一组生命周期的钩子：
  //在绑定元素的 attribute 或事件监听器被应用之前调用
  created() {},
  //在绑定元素的父组件挂载之前调用
  beforeMount() {},
  //绑定元素的父组件被挂载时调用
  mounted() {},
  //在包含组件的 VNode 更新之前调用
  beforeUpdate() {},
  //在包含组件的 VNode 及其子组件的 VNode 更新之后调用
  updated() {},
  //在绑定元素的父组件卸载之前调用
  beforeUnmount() {},
  //卸载绑定元素的父组件时调用
  unmounted() {}})
//注册（功能指令）
```

```
app.directive('my-directive', () => {
  //这将被作为'mounted'和'updated'调用})
```

指令钩子传递以下参数：

- el：指令绑定到的元素。这可用于直接操作 DOM。
- binding：一个对象，包含以下属性：

①instance：使用指令的组件实例。

②value：传递给指令的值。例如，在 v-my-directive="1+1" 中，该值为 2。

③oldValue：先前的值，仅在 beforeUpdate 和 updated 中可用。值是否已更改都可用。

④arg：参数传递给指令（如果有）。例如，在 v-my-directive:foo 中，arg 为 foo。

⑤modifiers：包含修饰符（如果有）的对象。例如，在 v-my-directive.foo.bar 中，修饰符对象为 {foo:true,bar:true}。

- vnode，el 参数收到的真实 DOM 元素的虚拟节点。
- prevNode，上一个虚拟节点，仅在 beforeUpdate 和 updated 钩子中可用。

注意：除了 el 属性之外，其他参数是只读的，切勿进行修改。

例 18：自定义指令 mydir。

```
1. <!DOCTYPE html>
2. <html lang="en">
3. <head>
4.     <meta charset="UTF-8">
5.     <meta http-equiv="X-UA-Compatible" content="IE=edge">
6.     <meta name="viewport" content="width=device-width, initial-
       scale=1.0">
7.     <title>自定义指令</title>
8.     <script src="vue3.js"></script>
9. </head>
10. <body>
11.     <div id="app">
12.        <p v-mydir:[a].b=num></p>
13.     </div>
14.     <script>
15.         const app=Vue.createApp({
16.             data(){
17.                 return{
18.                     num:123
19.                 }
20.             }
```

```
21.          })
22.             app.directive("mydir", {
23.                  mounted(el, binding, vnode, preprevNode) {
24.                      el.innerHTML = "< span style = color:red > "+bind-
                         ing.value + " </span > " +JSON.stringify ( binding.
                         arg) +JSON.stringify(binding.modifiers)
25.                  },
26.             })
27.     app.mount( "#app")
28.     < /script >
29. < /body >
30. < /html >
```

程序运行效果如图 3－19 所示。

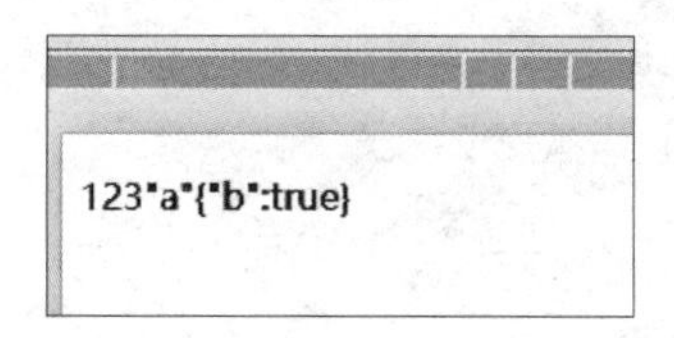

图 3－19　自定义指令示例

示例代码中，mydir 为自定义指令，a 为参数，b 为修饰符。

3.6.2 动态指令参数

指令的参数可以是动态的。例如，在 v－mydirective:[argument]. modifiers = "value" 中，argument 参数及 modifiers 修饰符可以根据组件实例数据进行更新，这使得自定义指令可以在应用中被灵活使用。

例 19：参数及修饰符的改变。

```
1. <! DOCTYPE html >
2. <html lang = "en" >
3. <head >
4.     <meta charset = "UTF -8" >
5.     <meta http - equiv = "X - UA - Compatible" content = "IE = edge" >
6.     <meta name = "viewport" content = "width = device - width, initial
       - scale =1.0" >
```

```
7.     <title>自定义指令</title>
8.     <script src="vue3.js"></script>
9. </head>
10. <body>
11.     <div id="app">
12.         <!--value 值-->
13.         <p v-c1="redColor"> AA</p>
14.         <p v-c1="greenColor">BB </p>
15.         <p v-c1="blueColor"> CC</p>
16.         <!--arg  参数-->
17.         <p v-c2:['red']>AA</p>
18.         <p v-c2:['green']>BB</p>
19.         <p v-c2:['blue']>CC</p>
20.
21.         <!--modifiers 修饰符-->
22.         <p v-c3.red>AA</p>
23.         <p v-c3.green>BB </p>
24.         <p v-c3.blue> CC</p>
25.     </div>
26.     <script>
27.       const app = Vue.createApp({
28.          data() {
29.              return {
30.                  redColor:'red',
31.                  greenColor:'green',
32.                  blueColor:'blue'
33.              }
34.          }
35.       })
36.       //自定义 c1
37.       app.directive("c1", {
38.            mounted: function (el, binding) {
39.              el.style.color = binding.value;
40.            }
41.         }),
42.       //自定义 c2
```

```
43.            app.directive("c2", {
44.                mounted: function (el, binding) {
45.                    el.style.color = binding.arg;
46.                }
47.            }),
48.          //自定义 c3
49.            app.directive("c3", {
50.                mounted: function (el, binding) {
51.                   el.style.color = Object.keys(binding.modifiers)[0];
52.                }
53.            })
54.        app.mount("#app")
55.    </script>
56. </body>
57. </html>
```

程序运行效果如图 3-20 所示。

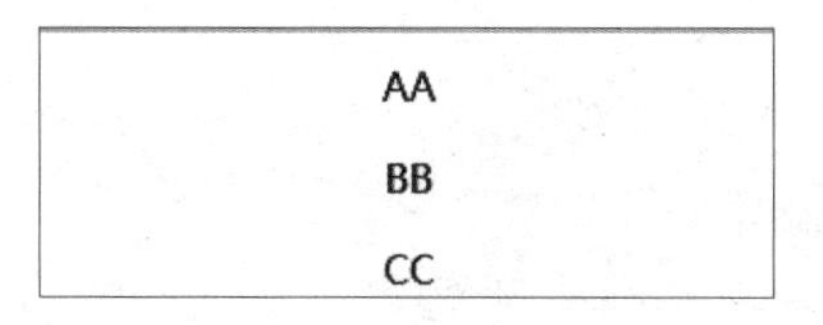

图 3-20　自定义动态参数

3.7 购物车案例

3.7.1 案例说明

本案例实现购物车功能，主要功能包括：①通过复选框选择某个商品或全选。②可以增加或减少商品数量，但数量不少于 1。③可以删除商品。④系统会自动计算选购商品的总价。⑤删除所有商品，显示购物车为空。购物车案例如图 3-21 所示。

3.7.2 案例分析与实施

购物车中记录商品书籍的名称、出版日期、价格、数量及是否选择，因此定义数组对象

全选 ☑	书名	出版日期	价格	数量	操作
☑	《计算机基础》	2015-9	35	+ 1 -	删除
☑	《单片机与传感器实战》	2016-8	45	+ 1 -	删除
☑	《响应式网页设计》	2017-9	49	+ 1 -	删除
☑	《微信小程序开发与运营》	2019-3	50	+ 1 -	删除

总价：￥179

图 3-21 购物车功能

books 记录商品书籍信息，作为案例数据存放于 <script></script>。

```
const app = {
data(){
   return{
     books: [
              {
                  id: 1,
                  bookname: '《计算机基础》',
                  date: "2015 -9",
                  price: 35,
                  count: 1,
                  isChecked: true
               },
               …
            ]
         }
     }
     Vue.createApp(app).mount("#app")
}
```

打开编辑软件，建立 case3. html 文件。编写结构及样式代码，代码如下：

```
1. <! DOCTYPE html >
2. <html lang = "en" >
3. <head >
4.       <meta charset = "UTF -8" >
5.       < meta name = " viewport " content = " width = device - width, ini-
        tial - scale =1.0 " >
6.       <title >购物车 </title >
```

```
7.      <script src="vue3.js"></script>
8.
9.
10.      </head>
11.      <div id="app">
12.          <div v-if="books.length">
13.          <table border=1 style="border-collapse: collapse">
14.              <tr>
15.              <th>
16.              全选 <input type=checkbox :checked=isCheckedAll @
             click=checkboxAll() />
17.             </th>
18.             <th>书名</th>
19.             <th>出版日期</th>
20.             <th>价格</th>
21.             <th>数量</th>
22.            <th>操作</th>
23.            </tr>
24.                 <tr v-for="(item,index) in books" :key=item.id>
25.                   <td><input type="checkbox" v-model=item.is
                  Checked></td>
26.                   <td>{{item.bookname}}</td>
27.                   <td>{{item.date}}</td>
28.                   <td>{{item.price}}</td>
29.                   <td><button @click=add(index)> + </button>
30.                        {{item.count}}
31.                     <button @click=less(index)
32.                          :disabled="item.count<=1">-</button></td>
33.                   <td> <button @click=del(index)>删除</button
                  ></td>
34.                </tr>
35.          </table>
36.        <h2>总价:¥{{totalPrice}}</h2>
37.     </div>
38.     <h2 v-else>购物车为空</h2>
39. </div>
```

①代码中第 12 行 v - if = books. length 判断商品数量是否为 0，当不为 0 时，显示表格，否则，执行第 38 行代码，显示“购物车为空”。

②代码中第 16 行@click = checkboxAll( ) 定义全选功能，存放于 methods:{} 中，代码如下：

```
checkboxAll() {
        for (let item of  this.books) {
            item.isChecked = true
         }
        }
```

③代码中第 29 行@click = add(index) 定义添加商品数量功能，参数传递当前商品索引号，代码如下：

```
add(index) {
        return this.books[index].count ++
     }
```

④代码中第 31 行@click = less(index) 定义减少商品数量功能，参数传递当前商品索引号，代码如下：

```
less(index) {
     return this.books[index].count --
   }
```

⑤代码中第 32 行属性:disabled = " item. count <= 1 " 实现当数量少于 1 时禁用按钮。

⑥代码中第 33 行@click = less(index) 定义删除商品功能，参数传递当前商品索引号，代码如下：

```
  del(index) {
     this.books.splice(index, 1)
   }
```

⑦代码中第 16 行属性:checked = isCheckedAll 实现全选功能，属于计算属性，因此 isCheckedAll( ) 方法存放于 computed:{} 中，代码如下：

```
  isCheckedAll() {
          return this.books.every(item = > item.isChecked)
      }
```

⑧代码中第 36 行 {{totalPrice}} 实现计算商品总价功能，属于计算属性，因此 totalPrice( ) 方法存放于 computed:{} 中，代码如下：

```
totalPrice() {
            let totalPrice = 0
            for (let item of this.books) {
               if (item.isChecked) {
                  totalPrice + = item.price * item.count
               }
               }
            return totalPrice
      }
```

习题与实践

一、选择题

1. Vue 中的（　　）指令在 DOM 元素内部插入文本内容。

A. v - on　　B. v - texts　　C. v - html　　D. v - text

2. 以下遍历并获取索引的正确方式（　　）。

A. <tr v - for = "(book,index) in books" :key = "index" >

B. <tr v - for = "book,index in books" :key = "index" >

C. <tr v - for = "(index,book) in books" :key = "index" >

D. <tr v - for = "(index:book) in books" :key = "index" >

3. v - show 指令的特点是（　　）。

A. v - show 指令是通过修改元素的 displayCSS 属性让其显示或者隐藏的

B. v - show 指令是直接销毁和重建 DOM 达到让元素显示和隐藏的效果的

C. v - show 指令是操作 JS 动态地把 DOM 实现隐藏或显示的效果的

D. 以上都不对

4. 用于监听 DOM 事件的指令是（　　）。

A. v - on　　B. v - model　　C. v - bind　　D. v - htm

5. 运行以下程序，文字的颜色是（　　）。

```
<style>
        .red {color: red}
        .green { color: green }
    </style>
</head>
<div id = "app">
    <p :class = isTrue?"red":"green" >class 属性绑定 </p>
```

```
</div>
<body>
    <script>
        const app = {
            data() {
                return { isTrue: false }
            }
        }
        Vue.createApp(app).mount("#app")
    </script>
</body>
```

A. 红色　　B. 绿色　　C. 黑色　　D. 蓝色

6. v-model 绑定 checkbox 时，绑定的数据对象最合适的是（　　）。

A. 变量　　B. 数组　　C. 对象　　D. 函数

7. 关于 v-model 说法正确的是（　　）。

A. v-model 可以看成是 value + input 方法的组合

B. v-mode 可以绑定 input、checkbox、select、textarea、radio

C. v-model 会根据标签的不同生成不同的事件和属性

D. Vue 数据双向绑定是通过数据劫持结合发布者-订阅者模式的方式来实现的

8. v-model 绑定 input 文本框时，只允许接收数字的修饰符是（　　）。

A. num　　B. count　　C. number　　D. trim

9. 下列程序的运行结果是（　　）。

```
<span v-for="(x,y) in 10" :key=y>
  <span v-if="x% 3 ==0">
    {{x}}
  </span>
</span>
```

A. 1　2　3　　B. 3　5　6　　C. 3　6　9　　D. 3　8　9

10. 下列程序的运行结果是（　　）。

```
<span v-for="(x,y) in 9" :key=y>
    <span v-for="(i,j) in 9" :key=j>
        <span v-if="x==i&&x% 9 ==0">
            {{x*i}}
        </span>
```

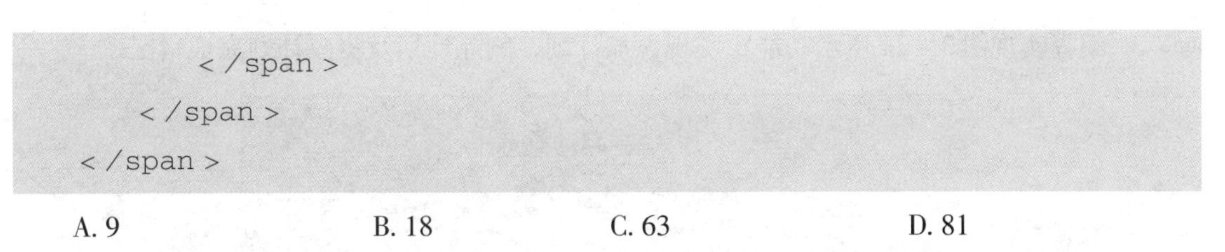

```
        </span>
    </span>
</span>
```

A. 9　　B. 18　　C. 63　　D. 81

二、实践题

1. 编程实现图 3－22 所示功能。其中，手机号码或登录密码为空时，提示不能为空，输入信息时，提示信息消失；当手机号码和登录密码为空时，禁用“登录”按钮。

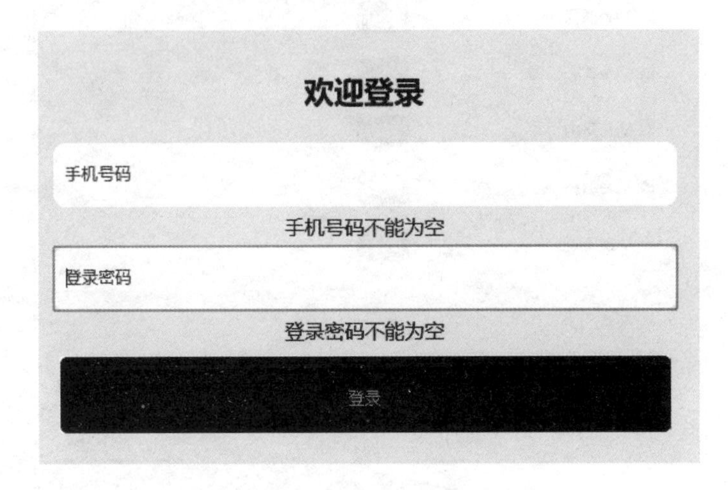

图 3－22　登录界面

2. 编程实现图 3－23 所示功能。单击左框中的省份，自动添加到右框（不重复添加）；单击右框中的省份，可删除。

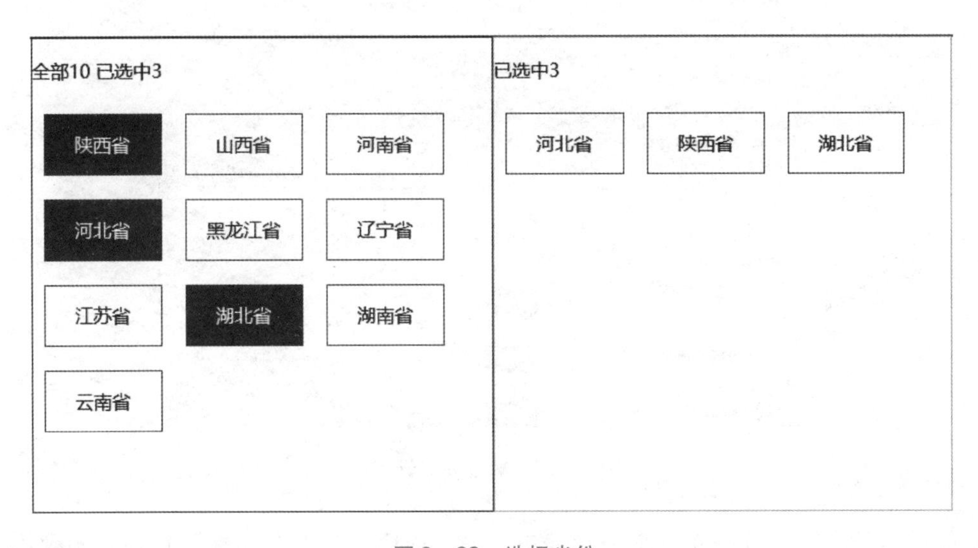

图 3－23　选择省份

3. 编程实现图 3－24 所示功能，实现添加计划、删除计划及更改计划完成情况。

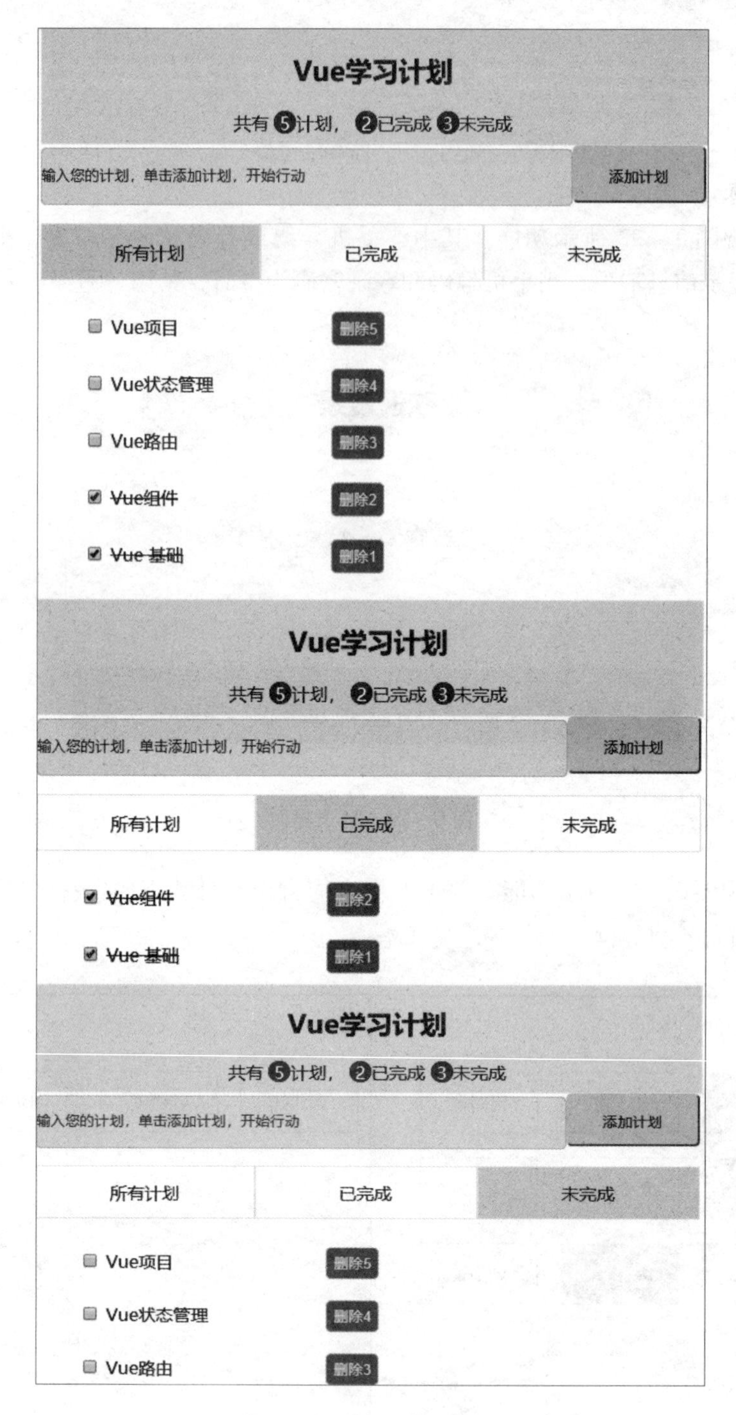

图 3－24 Vue 学习计划

4. 编程实现图 3－25 所示功能。在表单中输入内容，单击“添加”按钮，实现添加到表格中。

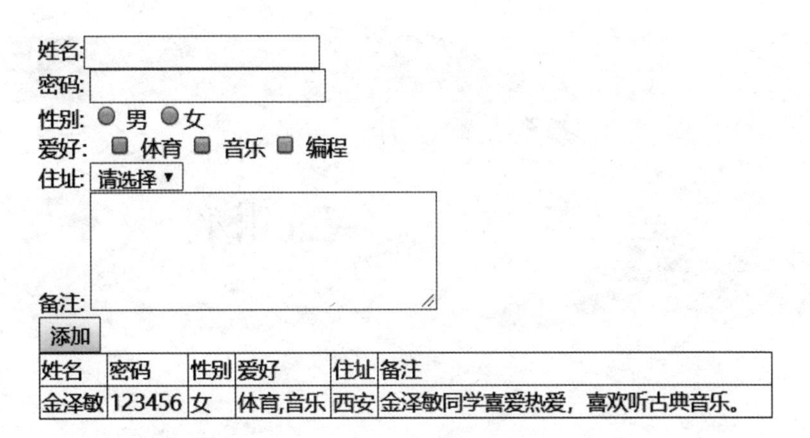
姓名:
密码:
性别: 男 女
爱好: 体育 音乐 编程
住址: 请选择
备注:
添加
姓名 密码 性别 爱好 住址 备注
金泽敏 123456 女 体育,音乐 西安 金泽敏同学喜爱热爱，喜欢听古典音乐。

图 3－25　表单数据添加

第 4 章 Vue组件

Vue 组件是 Vue 最重要的功能之一，它可以扩展 HTML 元素，以组件名称的方式作为自定义的 HTML 标签，它的实质是一个可以复用的 Vue 实例，具有相应的生命周期钩子函数等。使用组件的目的是减少重复代码的编写，提高开发效率，降低代码之间的耦合程度。

【学习目标】

- 掌握组件的定义与使用
- 掌握组件通信
- 掌握插槽的使用

4.1 组件的定义与使用

在 Vue 中，使用组件前，必须将组件注册到应用中，根据组件的注册方式不同，Vue 提供了三种注册方式，分别是全局注册、局部注册及打包工具注册。

4.1.1 注册全局组件

全局注册是在新建实例时创建的，在项目的任意位置都可以使用组件，无须引入，注册全局组件的语法格式如下：

```
Vue.component(tagName,options)
```

其中：

tagName：表示定义的组件名称。组件既可以采用短横线分隔命名（kebab - case），也可采用驼峰命名法（PascalCase）。当采用短横线分隔命名组件时，调用组件时也必须采用短横线分隔命名；使用驼峰命名法时，调用组件时，可以采用驼峰命名法或短横线分隔命名。

options：组件的选项对象，这是组件的主要内容，是一个复用的 Vue 实例。

例1：全局组件。

```
1. <div id = "app" >
2.         <! --引用全局组件 -- >
3.         <my - counter > < /my - counter >
4.     < /div >
5.     <script >
6.         //创建一个 Vue 应用
7.         const app = Vue.createApp({})
8.         //定义一个名为 my - counter 的新全局组件
9.         app.component('my - counter', {
10.            data() {
11.                return {
12.                    count: 0
13.                }
14.            },
15.            template:
16.              <button @click = "count ++ " >
17.                  你单击我 {{ count }} 次.
18.              < /button >
19.         })
20.         app.mount( "#app")
21. < /script >
```

其中，第9行代码定义一个名称为“my - counter”的新全局组件，第10～14行代码中定义数据count，第15～18行代码定义模板，第3行代码引用全局组件。

运行效果如图4－1所示。

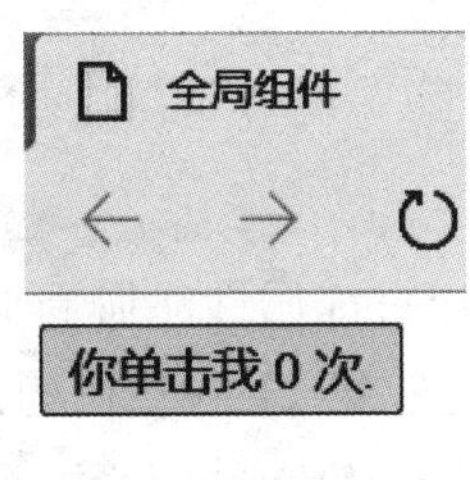

图4－1　全局组件

4.1.2 注册局部组件

局部注册的组件只能在当前注册的Vue实例中使用。在Vue实例中，通过components属性注册仅在当前作用域下可用的组件。

例 2：注册局部组件。

```
1. <div id="app">
2.         <!--引用局部组件-->
3.         <my-com-1></my-com-1>
4.         <my-com-2></my-com-2>
5.         <my-com-3></my-com-3>
6.     </div>
7.     <template id="myCom">
8.         <p>局部组件3</p>
9.     </template>
10.     <script>
11.         //创建局部组件2
12.         var com2 = {
13.             template:'<p>局部组件2</p>'
14.         }
15.         //创建一个 Vue 应用
16.         const app = Vue.createApp({
17.             components: {
18.                 'my-com-1': {
19.                     template:'<p>局部组件1</p>'
20.                 },
21.                 'my-com-2': com2,
22.                 'my-com-3': {
23.                     template: "#myCom"
24.                 },
25.             }
26.         })
27.         app.mount("#app")
28. </script>
```

程序中，第 17 ~ 25 行通过 components 属性注册局部组件。其中，第 19 行代码通过字符串定义模板内容；第 21 行代码通过变量定义模板内容；第 23 行代码通过 template 标签定义模板内容。

程序运行效果如图 4 - 2 所示。

图 4 - 2　局部组件

4.1.3 .vue 文件

用 vue - cli 脚手架搭建的项目，会生成很多如 index. vue 或者 App. vue 的文件。 *. vue 文件是一个自定义的文件类型，用类似于 HTML 的语法描述一个 Vue 组件。每一个 . vue 文件就是一个组件，通常由三部分组成：HTML 结构（HTML 结构都是在 template 标签中）、JS 逻辑、CSS 样式。

①template 只能解析一个根标签。

②JS 逻辑都是在 script 标签中，必须设置导出，形如 export default {…}。

③CSS 样式都是在 style 标签中，若设置 scoped 属性，样式作用于本组件内，否则，具有全局性。

例 3： *. vue 文件。

```
<template>
    <div class="first-cp">
        <h1>第一个组件</h1>
    </div>
</template>
<script>
    //.vue 文件类似于模块,可以直接相互导入,所以在组件内部要设置导出
    export default {
    }
</script>
<style scoped>
    /* scoped 可以使样式组件化,只在自己内部起作用 */
</style>
```

4.2 组件通信

在 Vue 中，当组件之间需要数据传递时，统称为组件通信。一般有父组件给子组件传递信息和子组件给父组件传递信息。

4.2.1 父组件给子组件传递信息

在 Vue 中，当父组件需要给子组件传递数据时，需要在父组件中通过 v - bind 绑定数据，则在子组件中通过 props 属性来接收父组件传递给子组件的数据。

例 4：父组件给子组件传递数据。

```
1. <div id = "app" >
2.         <my - com :msg = "userInfo" > </my - com >
3.     </div >
4.     <script >
5.        const app  = Vue.createApp({
6.            data() {
7.                return {
8.                    userInfo: {
9.                        name: "lwk",
10.                        age: 18,
11.                        address: "xi'an",
12.                        wg: 65
13.                    }
14.                }
15.            },
16.            components: {
17.                "my - com": {
18.                    props: ["msg"],
19.                    template:'<li v - for = "(item,index) in msg":key =
                    index >{{item}} </li >'
20.                }
21.            }
22.        })
23.        app.mount("#app")
24. </script >
```

程序中，第 2 行代码，父组件通过 msg 属性传递 userInfo 数值给子组件；第 18 行代码，通过 props 属性接收父组件传递的 msg 数据；第 19 行代码，显示接收到的 msg 数据。运行效果如图 4－3 所示。

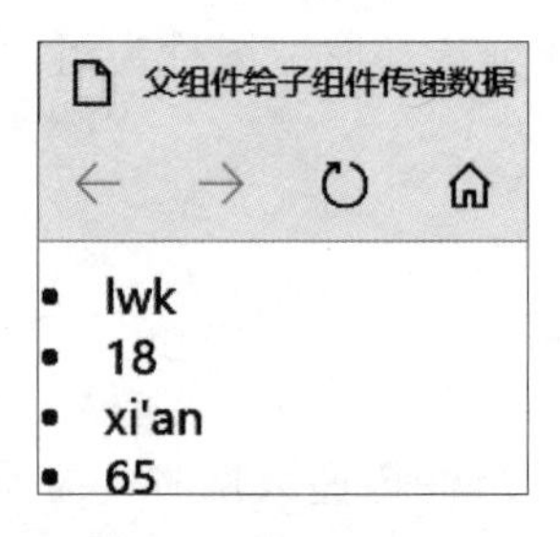

图 4－3　组件传值

注意：props的数据传递默认是单向的，即父组件的更新自动流向子组件中，但反过来不行。

4.2.2 子组件给父组件传递信息

子组件向父组件传递信息时，首先需要在子组件中通过调用内建的$ emit()方法触发自定义事件及参数，然后在父组件中监听自定义事件并处理。

例5：子组件给父组件传值。

```
1. <div id = "app" >
2.         <my - com @modmsg = add > </my - com >
3.         <p >子组件传递给父组件的值:{{parnum}} </p >
4.     </div >
5.     <script >
6.         const app = {
7.             data() {
8.                 return {
9.                     parnum: ""
10.                 }
11.             },
12.             methods: {
13.                 add: function (data) {
14.
15.                     this.parnum = data
16.                 }
17.             },
18.             components: {
19.                 "my - com": {
20.                     data() {
21.                         return {
22.                             num: " "
23.                         }
24.                     },
25.                     template:'<input type = text v - model = num >
26.                         <button @click = change >子组件传值给父组件 </
                        button >
27.                         ',
```

```
28.            methods: {
29.                change: function () {
30.                    this. $ emit('modmsg', this.num)
31.                }
32.            },
33.
34.        }
35.    }
36.  }
37.    var vm = Vue.createApp(app).mount("#app")
38. </script>
```

运行结果如图 4-4 所示。

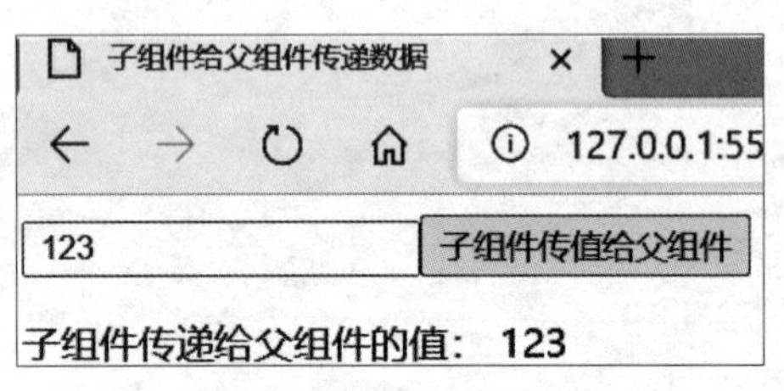

图 4-4　子组件传值给父组件

程序中，第 30 行代码在子组件中利用 $ emit( ) 方法触发 modmsg 事件，并传递参数 this. num；第 2 行代码在父组件中监听 modmsg 事件并处理。

4.3 插槽的使用

在 Vue 中，插槽（slot）是父子组件的一种通信方式，通常将父组件的内容放到子组件指定的位置，也称为内容分发。

4.3.1 单个插槽

当子组件中只有一个 slot 标签时，称为单个插槽，此时 slot 插槽可替换父组件传递的数据值。

例 6：单个插槽。

```
1. <div id="app">
2.     <child></child>
3.     <child>父组件中的数据</child>
4.     <child v-for="(item,index) in list" :key=index>{{item}}
       </child>
```

```
5.        </div>
6.      <script>
7.        const app = {
8.            data(){
9.                return{
10.                   list:[1,2,3,4,5]
11.               }
12.           },
13.           components: {
14.               child: {
15.                   template:'<div><slot>默认数据</slot></div>'
16.               }
17.           }
18.       }
19.       var vm = Vue.createApp(app).mount("#app")
20. </script>
```

程序运行结果如图 4－5 所示。

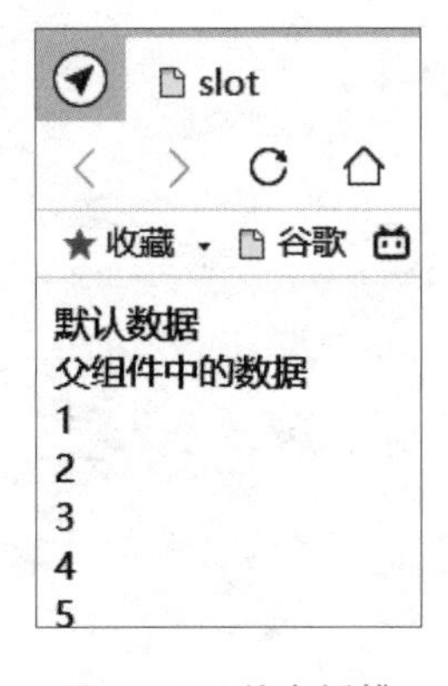

图 4－5　单个插槽

程序中，第 15 行代码定义 slot 插槽标签，第 2 行代码引用子组件时未传递数据，所以显示“默认数据”；第 3 行代码引用子组件时，传递数据“父组件中的数据”，所以用“父组件中的数据”代替“默认数据”；第 4 行代码引用子组件时传递 list 数据，同样，子组件中的“默认数据”被替换。

4.3.2　具名插槽

当子组件中具有多个插槽时，为了区分每一个插槽，可以分别给插槽命名，就称为具名插槽。父组件中通过 v－slot 对应不同的具名插槽。

例 7： 具名插槽。

```
1. <div id = "app" >
2.       <child >
3.          <template v - slot:header >头部区域 < /template >
4.       < /child >
5.       <child >
6.          <template v - slot:content >内容区域 < /template >
7.       < /child >
8.       <child >
9.          <template v - slot:foot >尾部区域 < /template >
10.       < /child >
11.
12.    < /div >
13.    <script >
14.       const app = {
15.          data() {
16.             return {
17.                list: [1, 2, 3, 4, 5]
18.             }
19.          },
20.          components: {
21.            child: {
22.            template:'<div > <slot name = "header" > < /slot > < /div >
23.                        <div > <slot name = "content" > < /slot > < /div >
24.                        <div > <slot name = "foot" > < /slot > < /div >'
25.
26.             }
27.          }
28.       }
29.       var vm = Vue.createApp(app).mount( "#app")
30.    < /script >
```

程序运行结果如图 4 –6 所示。

程序中，第 22、23、24 行代码分别定义三个具有名称的插槽，父组件中第 3、6、9 行代码分别对应相应名称的插槽。

图 4 –6　具名插槽

4.3.3　作用域插槽

如果需要让插槽的内容能够访问子组件中的数据时，可以将子组件中的数据作为 slot 的属性进行绑定，然后在父组件中设置包含所有插槽的对象 v-slot:default = slotProps，再通过 slotProps.属性名来访问子组件中的数据。

例 8： 作用域插槽。

```
1. <div id="app">
2.     <child v-slot:default="slotProps">{{slotProps.data}}</child>
3.   </div>
4.     <script>
5.         const app = {
6.             components: {
7.                 child: {
8.                     data() {
9.                         return {
10.                            list: ["Vue", "React", "Angular"]
11.                        }
12.                    },
13.                    template:'<div  v-for="(item,index) in list" :
                       key=index>
14.                                <slot:data=item></slot>
15.                              </div>'
16.                }
17.            }
18.        }
19.        var vm = Vue.createApp(app).mount("#app")
20.    </script>
```

程序运行结果如图 4-7 所示。

图 4-7　作用域插槽

4.4 简易留言板案例

4.4.1 案例说明

本案例主要实现发表留言和显示留言，如图 4 – 8 所示。

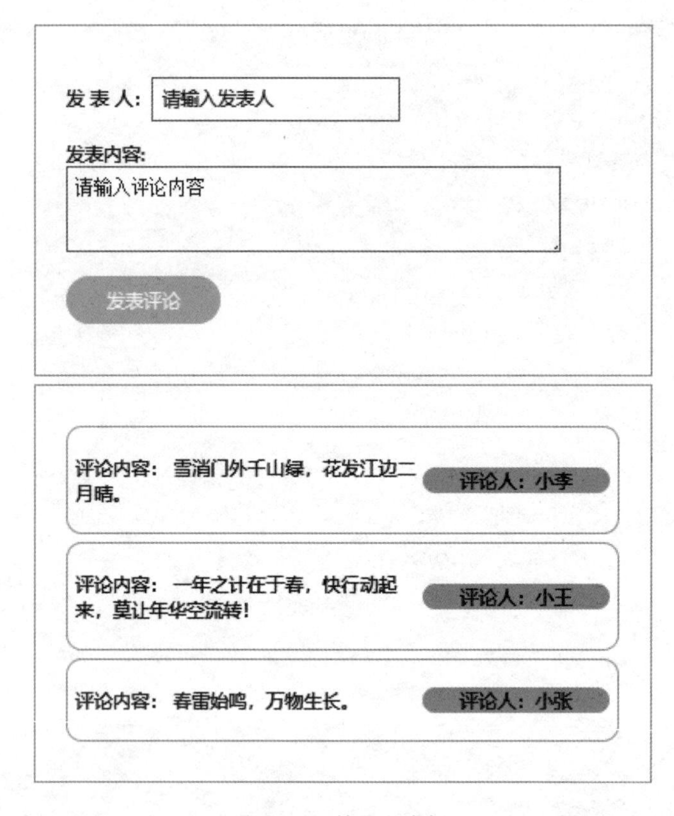

图 4 – 8　简易留言板

4.4.2 案例分析与实施

案例中的留言内容保存于本地 localStorage 中，通过 localStorage. getItem( ) 方法获取留言信息，通过 localStorage. setItem( ) 方法保存留言信息，由于 localStorage 中保存的是字符串，而程序中定义的留言内容是对象，因此，需要通过 JSON. parse( ) 和 JSON. stringify( ) 实现数据转换。

案例中是通过自定义组件 cmt – box 实现发表留言的。首先定义组件模板，代码如下：

```
<! --定义组件模板-- >
   <template id = "temp" >
      <div class = comment >
         <p >发 表 人: <input type = text placeholder = "请输入发表人" v -
model = comment.user > </p >
         <p class = comment - content > 发表内容: <textarea placeholder
= "请输入评论内容" cols =50 rows =3
                v - model = comment.content > </textarea >
         </p >
         <p > <button class = btn @click = postComment >发表评论 </but-
ton > </p >
      </div >
   </template >
```

其次，定义组件对象，代码如下：

```
//定义组件对象
       var commentBox = {
         template: "#temp",
         data() {
            return {
               comment: {
                  id: Date.now(),
                  user: '',
                  content: ''
               }
            }
         },
         methods: {
            postComment() {
               if(this.comment.user! = '' && this.comment.content ! = '')
{
//获取本地存储的信息
                  var cmtStr = localStorage.getItem('cmts') ||'[]'
                  var list = JSON.parse(cmtStr)
                 //添加新留言
                  list.unshift(comment)
```

```
                    //保存留言
                     localStorage.setItem('cmts', JSON.stringify(list))
                     this.comment.user = this.comment.content = ''
                    //调用自定义事件
                     this. $ emit('fresh')
                  }
              }
          }
      }
```

代码中，定义 comment 留言对象，包括留言标题（id）、留言人（user）和留言内容（content）。

方法 postComment 实现留言的获取、格式转换及保存。this. $ emit('fresh') 实现自定义事件监听与触发。

最后，在父组中声明子组件和使用子组件，代码如下：

```
//声明子组件
components: {
                'cmt - box': commentBox
            }
<! --使用子组件-- >
      <cmt - box @fresh = loadComments > < /cmt - box >
```

在父组件中，通过 loadComments( ) 方法获取本地存储的留言信息，并通过 v - for 循环显示。

4.4.3 源代码

```
1. <! DOCTYPE html >
2. <html lang = "en" >
3. <head >
4.     <meta charset = "UTF -8" >
5.     <meta http - equiv = "X - UA - Compatible" content = "IE = edge" >
6.     <meta name = "viewport" content = "width = device - width, initial
       - scale =1.0" >
7.     <title >简易留言板 < /title >
8.     <script src = "vue3.js" > < /script >
9.     <style >
```

```
10.        * {
11.            font - size: 12px;
12.        }
13.        .comment {
14.            border: 1px solid #ccc;
15.            padding: 20px;
16.            margin: 5px 0;
17.        }
18.        .comment - item {
19.            display: flex;
20.            margin: 5px 0;
21.            padding: 5px;
22.            border: 1px solid #ccc;
23.            border - radius: 10px;
24.        }
25.
26.        .comment - content {
27.            flex: 1;
28.            align - self: center;
29.        }
30.
31.        .comment - user {
32.            background - color: #ccc;
33.            border - radius: 20px;
34.            width: 120px;
35.            text - align: center;
36.            align - self: center;
37.        }
38.        .btn {
39.            background - color: rgb(55, 247, 71);
40.            border - radius: 20px;
41.            width: 100px;
42.            height: 30px;
43.            text - align: center;
44.            align - self: center;
45.            border: none;
```

```
46.             color: #fff;
47.             outline - style: none;
48.         }
49.         input,
50.         textarea {
51.             outline - style: none;
52.             padding: 5px;
53.         }
54.     < /style >
55. < /head >
56. < body >
57.     < div id = "app" >
58.         < ! --使用子组件-- >
59.         < cmt - box @fresh = loadComments > < /cmt - box >
60.         < ! --显示留言-- >
61.         < div class = comment >
62.             < div class = "comment - item" v - for = "item in list " :key
                = item.id >
63.                 < p class = comment - content >评论内容: {{item.content}}
                    < /p >
64.                 < p class = comment - user >评论人:{{item.user}} < /p >
65.             < /div >
66.         < /div >
67.     < /div >
68.     < ! --定义组件模板-- >
69.     < template id = "temp" >
70.         < div class = comment >
71.             < p >发 表 人: < input type = text placeholder = "请输入发表人"
            v - model = comment.user > < /p >
72.             < p class = comment - content > 发表内容: < textarea place-
            holder = "请输入评论内容" cols = 50 rows = 3
73.                     v - model = comment.content > < /textarea >
74.             < /p >
75.             < p > < button class = btn @click = postComment >发表评论 < /
            button > < /p >
76.         < /div >
```

```
77.     </template>
78.     <script>
79.         //定义组件对象
80.         var commentBox = {
81.             template: "#temp",
82.             data() {
83.                 return {
84.                     comment: {
85.                         id: Date.now(),
86.                         user: '',
87.                         content: ''
88.                     }
89.                 }
90.             },
91.             methods: {
92.                 postComment() {
93.                     if(this.comment.user!='' && this.comment. con-
                        tent!='') {
94.                      //获取本地存储的信息
95.                       var cmtStr = localStorage.getItem('cmts') ||'[]'
96.                       var list = JSON.parse(cmtStr)
97.                      //添加新留言
98.                       list.unshift(comment)
99.                      //保存留言
100.                      localStorage.setItem('cmts', JSON.stringify(list))
101.                      this.comment.user = this.comment.content = ''
102.                      //调用自定义事件
103.                        this. $ emit('fresh')
104.                    }
105.                }
106.            }
107.        }
108.        const app = {
109.            data() {
110.                return {
111.                    list: [ ]
```

```
112.                }
113.            },
114.            created() {
115.                this.loadComments()
116.            },
117.            methods: {
118.            //从 localStorage 中获取留言信息
119.                loadComments() {
120.                    var cmtStr = localStorage.getItem('cmts') ||'[]'
121.                    var list = JSON.parse(cmtStr)
122.                    this.list = list
123.                }
124.            },
125.            components: {
126.                'cmt-box': commentBox
127.            }
128.        }
129.        var vm = Vue.createApp(app).mount("#app")
130.    </script>
131. </body>
132. </html>
```

习题与实践

一、选择题

1. 下列关于组件的描述，错误的是（　　）。

A. 局部注册的组件只能在其父组件中使用，而无法在其他组件中使用

B. 组件选项对象中的 data 和 Vue 实例选项对象中的 data 的赋值是一样的

C. 组件的模板只能有一个根元素

D. 全局组件可在所有实例中使用

2. 在组件的选项对象中，不能包括（　　）。

A. data　　B. el　　C. computed　　D. methods

3. 关于子组件向父组件传值，错误的是（　　）。

A. 子组件中需要以某种方式（如单击事件）的方法来触发一个自定义的事件进行传值

B. 子组件通过修改父组件绑定在子组件上的数据进行传值

C. 可以将需要传的值作为 $ emit 的第二个参数，该值将作为实参传给响应事件的方法

D. 需要在父组件中注册子组件，并在子组件标签上绑定自定义事件的监听

4. 子组件调用父组件的方法为（　　）。

A. this. emit　　B. this. $ route. params

C. this. $ axios　　D. this. $ emit

5. Vue 实例对象获取子组件实例对象的方式是（　　）。

A. parent　　B. Children　　C. child　　D. Component

6. 动态组件上使用（　　）能将组件状态保存在内存中，以防重复渲染 DOM。

A. <keep - alive>　　B. <swiper>

C. <template>　　D. <view>

7. 父组件可以给子组件传递（　　）。

A. 数字或字符串　　B. 布尔值

C. 数组　　D. 对象

8. Vue 中子组件调用父组件的方法有（　　）。

A. 直接在子组件中通过 this. $ parent. event 来调用父组件的方法

B. 在子组件里用 $ emit 向父组件触发一个事件，父组件监听这个事件

C. 父组件把方法传入子组件中，在子组件里直接调用这个方法

D. 父组件能调用子组件的方法，子组件不能调用父组件的方法

9. 在父组件监听自定义事件的时候，可以通过（　　）访问到传递的参数值。

A. event　　B. $ event　　C. $ this　　D. $ e

10. 在子组件中触发自定义事件的方法是（　　）。

A. $ emit　　B. $ event　　C. $ this　　D. $ on

二、实践题

1. 编写程序，实现图 4 -9 所示页面组件。

图 4 -9　组件实践图

2. 编写程序，实现图 4－10 所示页面组件。

图 4－10　组件实践图

第5章

vue-router路由

vue - router 是 Vue 官方提供的一个插件，其功能是实现路由管理，它和 Vue 深度集成，不管是使用 Hash 路由模式还是 history 路由模式，vue - router 都可以提供很好的支持。通俗地讲，vue - router 的作用是将每个路径映射到对应的组件，并通过路由实现组件之间的切换。

【学习目标】

- 了解前端路由的原理
- 熟练使用动态路由的配置
- 熟练使用嵌套路由
- 了解命名路由和命名视图
- 掌握编程式路由

5.1 前端路由

“路由”一词在网络中用来表示路径的选择。Web 开发中，路由分为前端路由和后端路由。后端路由是指所有的超链接都是 URL 地址，所有 URL 都对应服务器上的资源；前端路由是指在单页面应用程序中，通过 hash(#) 来改变页面的方式。

5.1.1 vue - router 的引入

vue - router 是 Vue 官方提供的一个插件，其功能是实现路由管理，vue - router 在使用前需要在页面中引入，通常有以下几种方法。

1. 使用本地文件引入

首先在 Vue 官方网站中查找 vue - router 插件并下载到本地，然后在需要使用的文件中通过 script 标签引用，注意文件引用路径，例如：

```
<script type="text/javascript  src=vue-router.js"></script>
```

2. 使用 CDN 方式引入

使用该方法不需要下载插件，可以在 script 标签中引用外部 CDN 文件，例如：

```
    < script  src  = " https:// unpkg.com/ vue  - router/ dist/ vue  -
router.js" > < /script >
```

3. 使用 NPM 方式引入

首先下载安装 node. js，然后使用 NPM 方法进行安装，命令如下：

```
npm install vue - router -- save
```

最后，在项目文件中引用方式如下：

```
import vue from'vue'
Import VueRouter from'vue - router'
Vue.user(VueRouter)
```

5.1.2 vue - router 基础用法

通常一个应用程序由一个或多个组件构成，组件之间的切换可以通过 vue - router 来实现，需要完成以下工作。

①创建路由组件，也可以从其他文件 import 引入，例如：

```
var login = {
        template: " < h2 >登录组件 < /h2 > "
    }
    var register = {
        template: " < h2 >注册组件 < /h2 > "
    }
```

②创建路由，每个路由指定链接地址（path）与组件（component）的映射。路由中 path 属性表示监听哪个路由链接地址；component 属性表示对应的组件，component 属性值必须是一个组件模板对象，不能是组件的引用名称，例如：

```
var routes = [
            { path:'/login', component: login },
            { path:'/register', component: register }
]
```

③创建路由实例，传入路由配置参数，例如：

```
    var router = new VueRouter({
            routes
        })
```

④创建并挂载根实例，通过 router 配置参数注入路由，让应用程序具有路由功能，例如：

```
  var app = new Vue({
          el:"#app",
          router
      })
```

⑤通过 <router – link >组件进行导航，to 属性设置指定的链接地址（path 属性值），默认渲染为 a 标签，例如：

```
  <router-link  to="/login">登录</router-link>
  <router-link  to="/register">注册</router-link>
```

⑥通过 <router – view >组件设置路由对应的组件渲染的位置，例如：

```
  <router-view></router-view>
```

完整代码如下：

```
1. <div id="app">
2.     <!--5.创建路由导航-->
3.     <router-link to="/login">登录</router-link>
4.     <router-link to="/register">注册</router-link>
5.     <!--6.设置组件渲染位置-->
6.     <router-view></router-view>
7. </div>
8. <script>
9. //1.创建路由组件
10.      var login = {
11.          template: "<h2>登录组件</h2>"
12.      }
13.      var register = {
14.          template: "<h2>注册组件</h2>"
15.      }
16. //2.创建路由
```

```
17.        var routes = [
18.              { path: '/login', component: login },
19.              { path: '/register', component: register },
20.          ]
21. //3. 创建 router 实例
22.          var router = new VueRouter({
23.              routes
24.          })
25. //4. 创建和挂载根实例
26.        var app = new Vue({
27.              el: "#app",
28.              router
29.        })
30.      </script>
```

程序运行效果如图 5－1 所示。

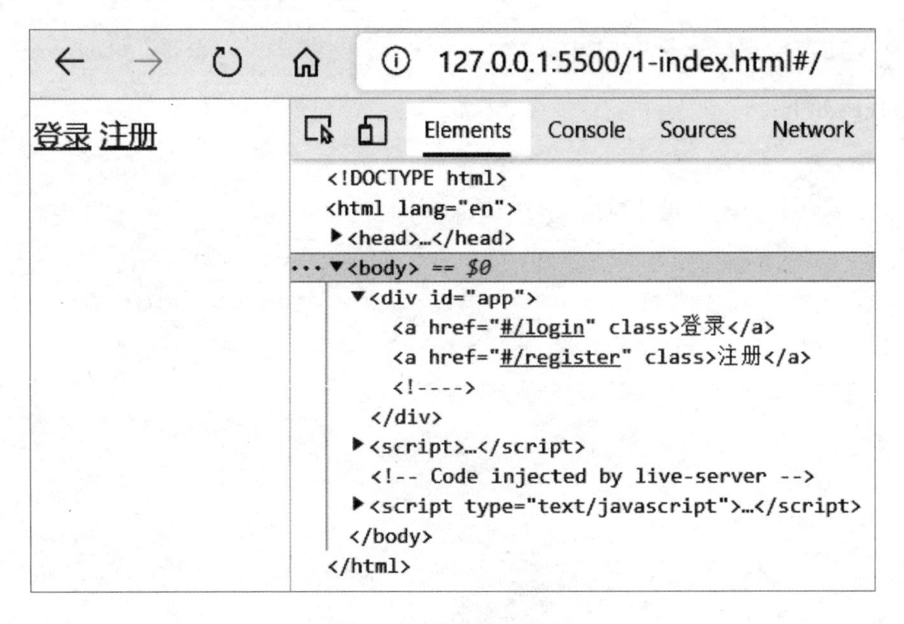

图 5－1　程序运行效果

单击“登录”按钮，运行效果如图 5－2 所示。

单击“注册”按钮，运行效果如图 5－3 所示。

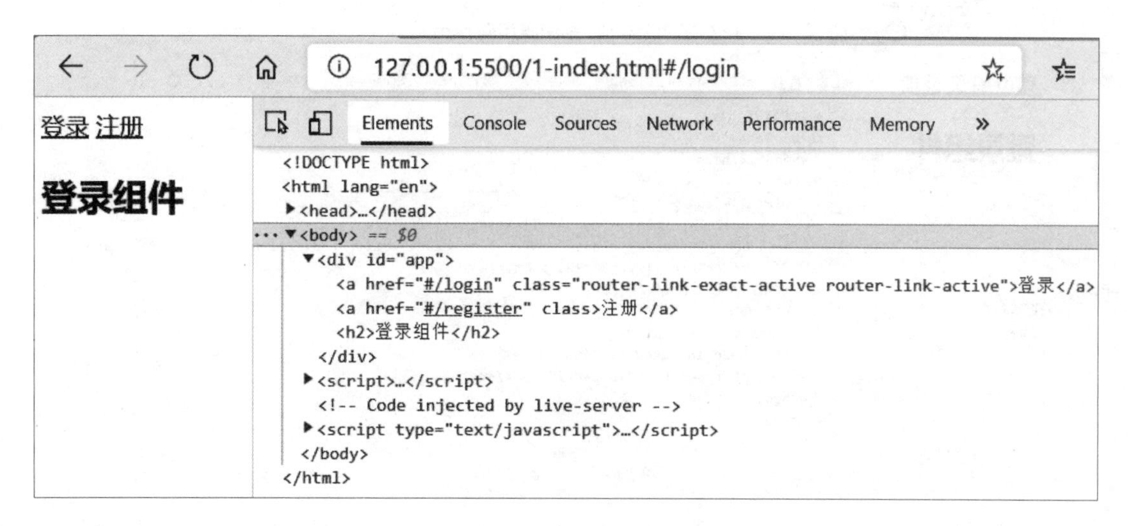

图 5 – 2　“登录”效果

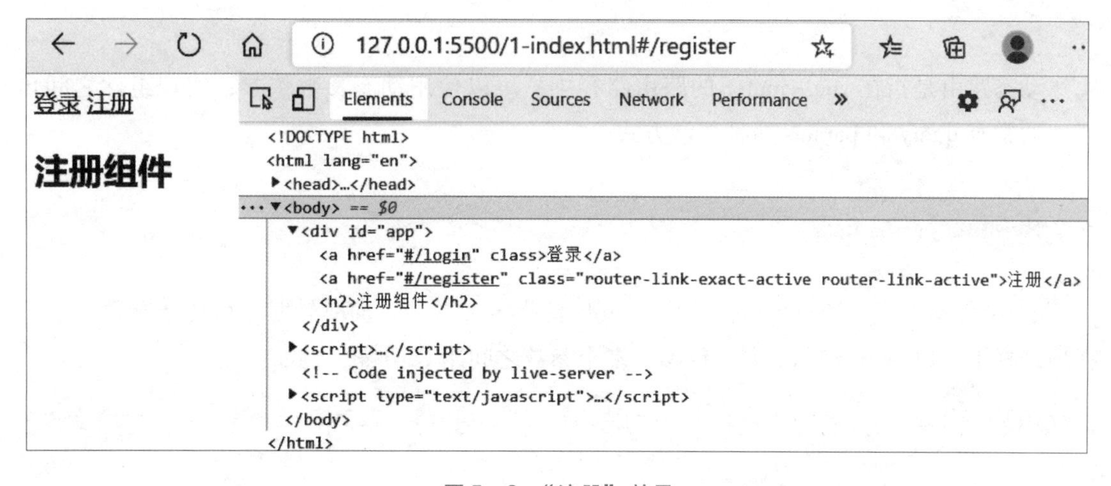

图 5 – 3　“注册”效果

5.1.3　路由重定向

在创建路由时，可以通过 redirect 属性为某一路径重新指定另一路径，例如，在 routes 路由中添加{path:"/",redirect:"/login"}，同时添加 <router - link to = "/" >首页 < /router - link >。

运行结果如图 5 – 4 所示。

图 5－4　运行结果

5.2 动态路由

动态路由是指在 vue－router 的路由路径中，可以使用动态参数传参，实现组件之间传值。通常有 query 和 params 两种传参方式。

5.2.1 query 方式传参

query 传参方式是通过导航路径中的 to 属性指定参数，页面跳转时，可传递参数并显示在地址栏中，以？key＝value 方式传参，多个参数之间用 & 分隔，例如：

```
<router-link to="/login? username=lwk&pwd=123456">登录</router-link>
```

传递的参数以对象的形式存放在 query 对象中，因此可以在模板中通过插值表达式 {{this. $ route. query. key}} 的形式输出参数值，例如：

```
var login = {
        created() {
            console.log(this. $ route)
        },
        template:'<h2>登录组件<br>
            username: {{this. $ route.query.username}} <br>
            pwd:{{this. $ route.query.pwd}}
            </h2>'
}
```

完整代码如下：

```
1. <div id = "app" >
2.         <router - link to = " /login? username = lwk&pwd = 123456 " >登录
           </router - link >
3.         <router - link to = " /register" >注册 </router - link >
4.         <router - view > </router - view >
5.       </div >
6.     <script >
7.         var login = {
8.            created() {
9.               console.log(this. $ route)
10.            },
11.            template:'<h2 >登录组件 <br >
12.            username: {{this. $ route.query.username}} <br >
13.               pwd:{{this. $ route.query.pwd}}
14.               </h2 >'
15.        }
16.        var register = {
17.            template: " <h2 >注册组件 </h2 > "
18.        }
19.        var routes = [
20.            { path:'/login', component: login },
21.            { path:'/register', component: register },
22.        ]
23.        var router = new VueRouter({
24.            routes
25.        })
26.        var app = new Vue({
27.            el: "#app",
28.            router
29.        })
30.     </script >
```

程序运行效果如图 5 –5 所示。

图中右侧的内容是在 created 生命周期函数中输出 this. $ route，其中，fullPath 表示路由全路径，path 表示路由，query 表示传递的参数。

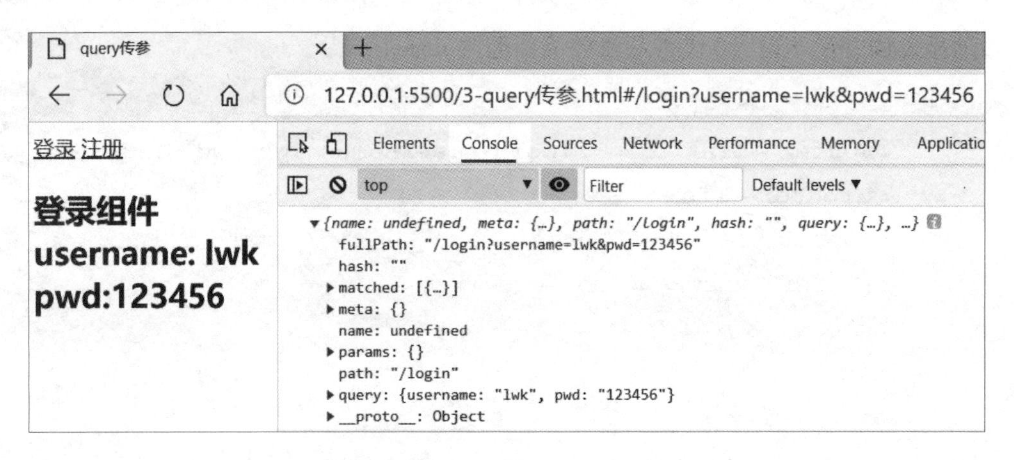

图 5－5　query 传参

5.2.2 params 方式传参

使用 query 方式传参，参数会显示在浏览器地址栏中，为了安全起见，不在地址栏中显示参数名，可以采用 params 方式传参。在导航路径中，to 属性通常用/value 形式传递参数，例如：

```
<router-link to="/login/lwk/123456">登录</router-link>
```

在路由 path 路径中，以冒号的形式设置参数名，例如：

```
{path:'/login/:username/:pwd', component: login}
```

当进行路由跳转时，对 <router-link> 中的 “/login/lwk/123456” 进行解析。

params 传递的参数以对象的形式存放在 params 对象中，因此，可以在模板中通过插值表达式 {{this.$route.params.key}} 的形式输出参数值，例如：

```
var login = {
        template:'<h2>登录组件<br>
            username:{{this.$route.params.username}}<br>
            pwd:{{this.$route.params.pwd}}
            </h2>'
     }
```

完整代码如下：

```
1. <div id="app">
2.     <router-link to="/login/lwk/123456">登录</router-link>
3.     <router-link to="/register">注册</router-link>
4.     <router-view></router-view>
```

```
5.    </div>
6.    <script>
7.        var login = {
8.            created() {
9.                console.log(this.$route)
10.           },
11.           template:'<h2>登录组件<br>
12.               username: {{this.$route.params.username}}<br>
13.               pwd:{{this.$route.params.pwd}}
14.               </h2>'
15.       }
16.       var register = {
17.           template: "<h2>注册组件</h2>"
18.       }
19.       var routes = [
20.           {path: '/login/:username/:pwd', component: login },
21.           { path:'/register', component: register },
22.       ]
23.       var router = new VueRouter({
24.           routes
25.       })
26.       var app = new Vue({
27.           el: "#app",
28.           router
29.       })
30.   </script>
```

程序运行效果如图 5 – 6 所示。

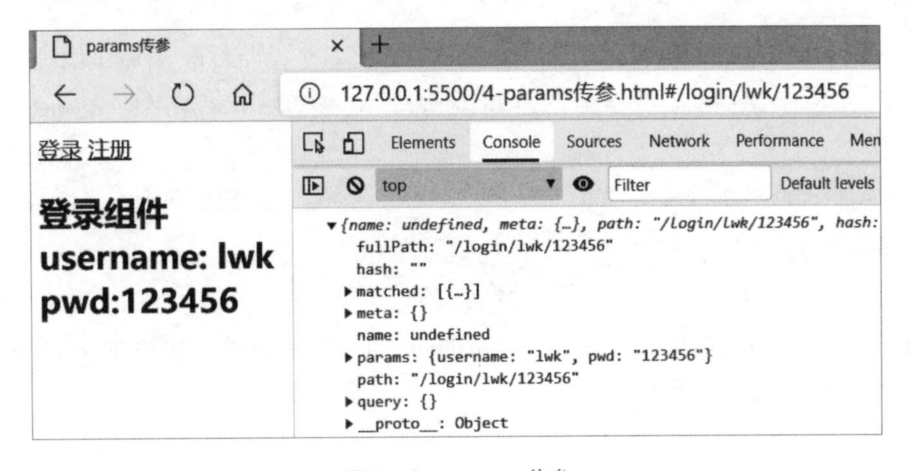

图 5 – 6　params 传参

5.3 嵌套路由

5.3.1 嵌套路由基础

通常 <router - view> 标签用来渲染路由组件，当路由组件中又包含 <router - view> 标签时，就称为嵌套路由。嵌套路由用来实现两级或多级导航菜单。

5.3.2 嵌套路由的实现

1. 创建路由组件

```
var login = {
        template:'<div>
            <h2>登录组件</h2>
            <router-link to=/login/account>账号登录</router-link>
            <router - link to=/login/mobile>手机号登录</router -
link>
            <router-view></router-view>
            </div>'
        }
        var account = {
            template: "<p>通过 name 和 pwd 进行登录</p>"
        }
        var mobile = {
            template: "<p>通过 Mobile Phone 和 VS Code 进行登录</p>"
        }
        var register = {
            template:'<h2>注册组件</h2>'
        }
```

在 login 组件中设置/login/account 和/login/mobile 路径导航，并添加 <router-view> </router-view>组件渲染显示位置。

2. 创建路由

```
var routes = [
    {
        path: '/login',
        component: login,
        children: [
            { path: 'account', component: account },
            { path: 'mobile', component: mobile }
        ]
    },
    { path: '/register', component: register },
]
```

在第一个路由中设置 children 路由，path：'account'和 path：'mobile'分别表示路由路径为/login/account 和/login/mobile，分别对应路由组件 account 和 mobile。

完整代码如下：

```
1. <div id = "app" >
2.         <router - link to = "/login" >登录 </router - link >
3.         <router - link to = "/register" >注册 </router - link >
4.         <router - view > </router - view >
5.     </div >
6.     <script >
7.         var login = {
8.             template: '<div >
9.                 <h2 >登录组件 </h2 >
10.                <router - link to = /login /account >账号登录 </router
                   - link >
11.                <router - link to = /login /mobile >手机号登录 </router
                   - link >
12.                <router - view > </router - view >
13.                </div >'
14.        }
15.        var account = {
16.            template: "<p >通过 name 和 pwd 进行登录 </p >"
17.        }
18.        var mobile = {
```

```
19.         template: "<p>通过 Mobile Phone 和 VS Code 进行登录</p>"
20.     }
21.     var register = {
22.         template:'<h2>注册组件</h2>'
23.     }
24.     var routes = [
25.         {
26.             path:'/login',
27.             component: login,
28.             children: [
29.                 { path:'account', component: account },
30.                 { path:'mobile', component: mobile }
31.             ]
32.         },
33.         { path:'/register', component: register },
34.     ]
35.     var router = new VueRouter({
36.         routes
37.     })
38.     var app = new Vue({
39.         el: "#app",
40.         router
41.     })
42. </script>
```

程序运行效果如图 5-7 所示。

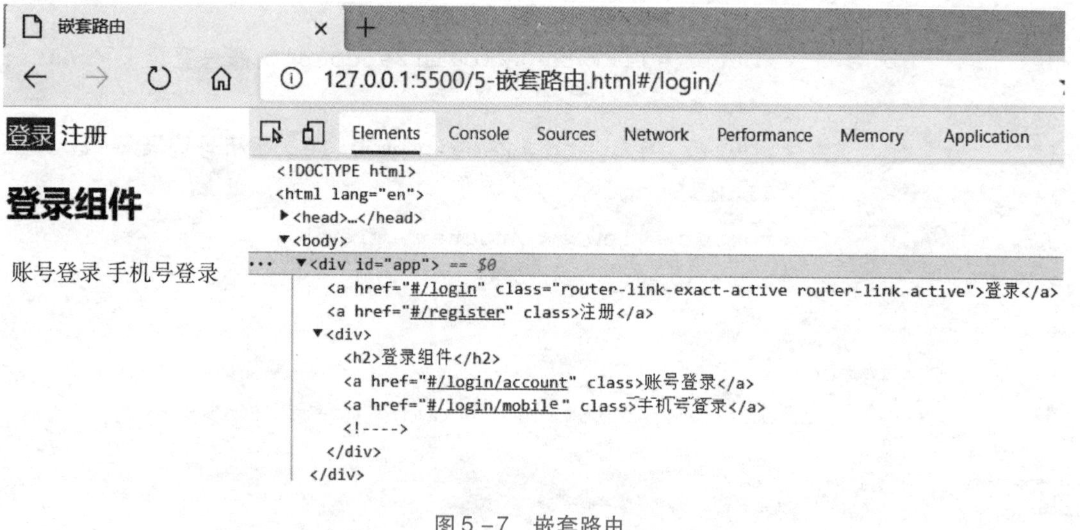

图 5-7　嵌套路由

单击“账号登录”按钮，地址栏中地址为 http://127. 0. 0. 1:5500/5-嵌套路由 . html#/login/account，效果如图 5 – 8 所示。

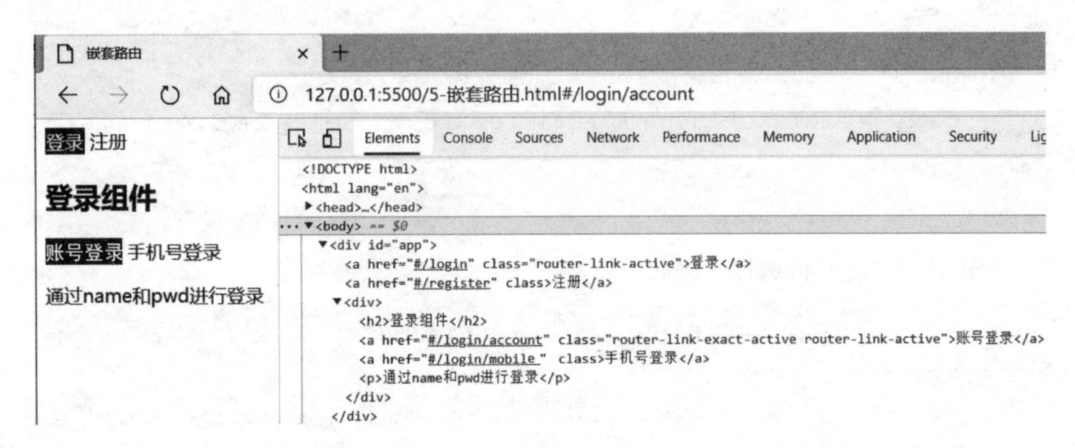

图 5 – 8　单击“账号登录”按钮

单击“手机号登录”按钮，地址栏中地址为 http://127. 0. 0. 1:5500/5-嵌套路由 . html #/login/mobile，效果如图 5 – 9 所示。

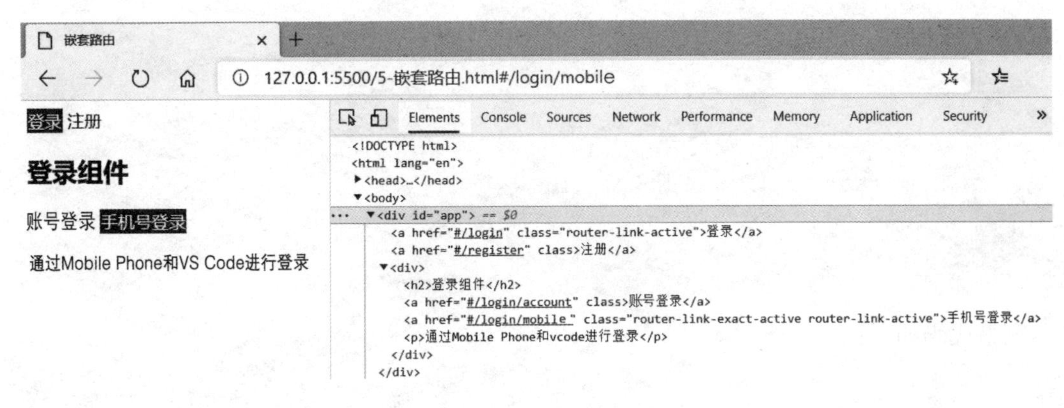

图 5 – 9　单击“手机号登录”按钮

5.4 命名路由和命名视图

为了便于管理路由和视图，vue – router 提出了命名路由和命名视图。命名路由就是给路由定义名称，命名视图是给视图定义名称。

5.4.1 命名路由

在创建路由过程中，除了设置 path 和 component 属性外，vue – router 还提供了 name 属性，设置 name 后，在 < router – link > 标签中可以通过 name 设置导航。

①创建路由组件时指定 name 属性，例如：

```
var router = new VueRouter({
routes: [
    {path: '/login',name: 'login', component: login },
    {path: '/register',name: 'register', component: register },
]
})
```

②创建导航时设置 to 属性，例如：

```
<router-link :to="{name:'login',query:{username:'lwk'}}">登录</router-link>
<router-link :to="{name:'register',params:{pwd:123456}}">注册</router-link>
```

③在路由组件中获取相应的值，例如：

```
var login = {
      template:'<h3>登录组件<br>
         username:{{ $ route.query.username}}</h3>',
    },
    register = {
      template: '<h3>注册组件<br>
        pwd:{{ $ route.params.pwd}}</h3>',
    }
```

完整代码如下：

```
1. <div id="app">
2.     <router-link :to="{name:'login',query:{username:'lwk'}}">登录
       </router-link>
3.     <router-link :to="{name:'register',params:{pwd:123456}}">注册
       </router-link>
4.     <router-view></router-view>
5.  </div>
6.  <script>
7.     var login = {
8.       template:'<h3>登录组件<br>
9.         username:{{ $ route.query.username}}</h3>',
10.      },
```

```
11.     register  = {
12.         template:'<h3 >注册组件<br >
13.         pwd:{{ $ route.params.pwd}} </h3 >',
14.     }
15.     var router = new VueRouter({
16.     routes:[
17.         {path:'/login',name:'login', component: login },
18.         {path:'/register',name:'register', component: register },
19.     ]
20.     })
21.     var vm = new Vue({ el:'#app', router })
22.  </script >
```

程序运行效果如图 5 – 10 和图 5 – 11 所示。

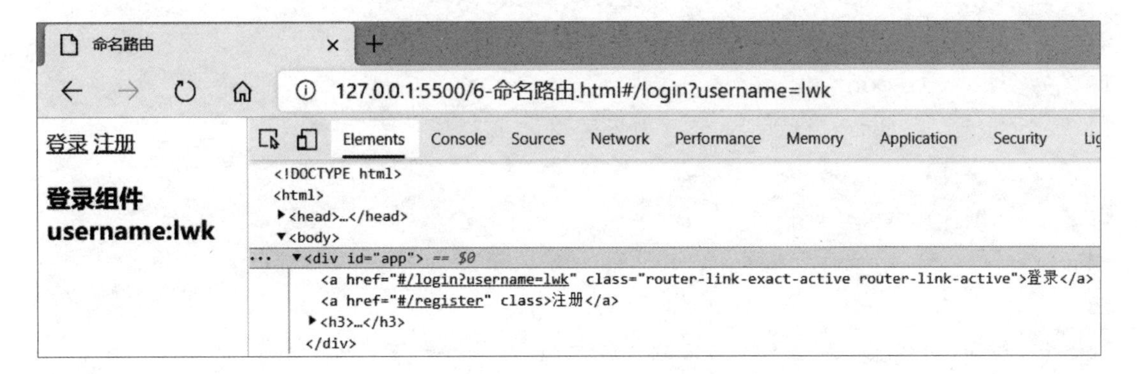

图 5 – 10　单击“登录”按钮效果

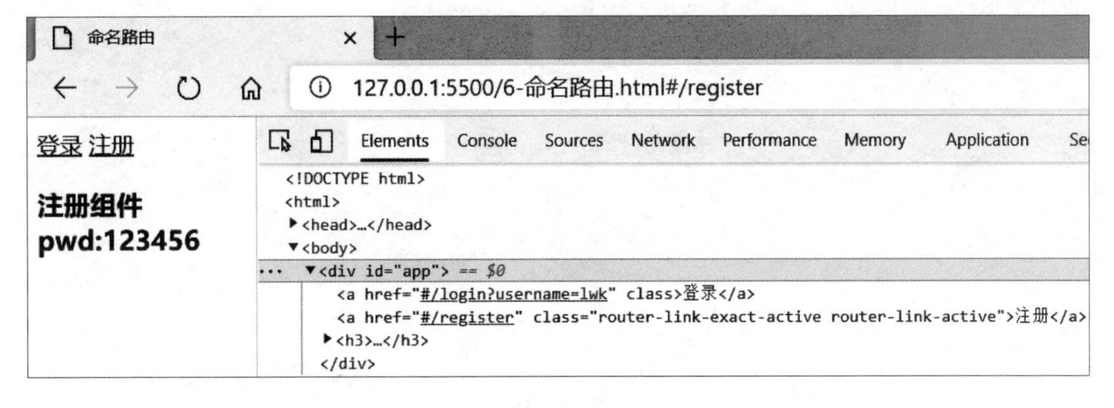

图 5 – 11　单击“注册”按钮效果

5.4.2 命名视图

命名视图就是给 <router - view > 标签定义名称，路由跳转时，根据视图名称显示不同的路由组件。如果 <router - view > 没有设置名字，默认为 default。

示例如下：

```
1. <div id = "app" >
2.         <router -view class = rw1  name = top  > </router -view >
3.         <router -view class = rw2 > </router -view >
4.         <router -view  class = rw3  name = bottom > </router -view >
5.     </div >
6.     <script >
7.        var title = {
8.           template:'<h3 >标题区域 </h3 >'
9.        }
10.        var content  = {
11.           template:'<h3 >内容区域 </h3 >'
12.        }
13.        var exp  = {
14.           template:'<h3 >说明区域 </h3 >'
15.        }
16.        var router  = new VueRouter({
17.           routes:[
18.              {
19.                 path:'/',
20.                 components:{
21.                    'top':title,
22.                    'default':content,
23.                    'bottom':exp
24.                 }
25.              }
26.           ]
27.        })
28.        var vm  = new Vue({ el:'#app', router })
29.     </script >
```

程序运行效果如图 5 – 12 所示。

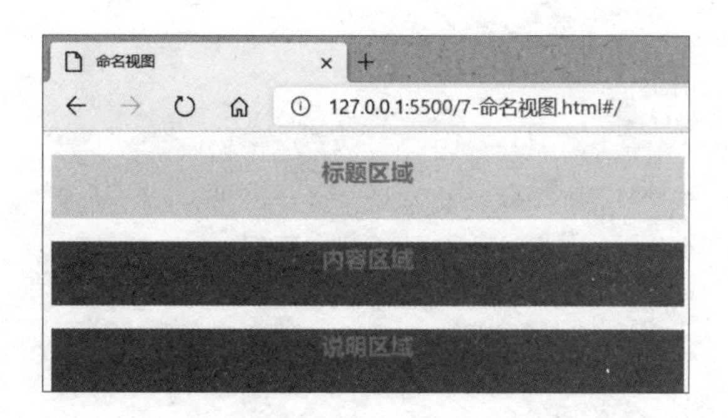

图 5 – 12　命名视图

程序中，第 2 行代码定义视图名称 name = top，第 4 行代码定义视图名称 name = bottom，第 21 行代码指定 top 视图显示 title 组件，第 22 行代码默认显示 content 组件，第 23 行代码指定 bottom 视图显示 exp 组件。

5.5 编程式导航

编程式导航是通过编写 JavaScript 代码实现路由间的跳转，在 Vue 中借助 $ router 实例的 push、replace 和 go 方法实现导航。相对于编程式导航，称 <router – link> 标签为声明式导航。

5.5.1 push( ) 方法

当需要路由跳转时，可以向 push 方法中添加一条新记录到浏览器的 history 栈中，同时，当用户单击“后退”按钮时，可以回到之前的 URL。

在 push( ) 方法中，参数可以是字符串或对象，但不能同时出现 path 和 params，可以借助 name 属性解决。

示例如下：

```
1. <div id = "app" >
2.         <button @click = toFirst >1. 字符串参数 </button >
3.         <button @click = toSecond >2.query 传参 </button >
4.         <button @click = toThird >3.params 传参 </button >
5.         <router - view > </router - view >
6.     </div >
7.     <script >
8.        var first = {
9.           template:'<h3 >字符中参数 </h3 >'
```

```
10.         }
11.         var second = {
12.             template:'<h3>query 传参<br>
13.                 name:{{$route.query.name}}<br>
14.                 pwd:{{$route.query.pwd}}
15.                 </h3>'
16.         }
17.         var third = {
18.             template:'<h3>params 传参<br>
19.                 id:{{this.$route.params.id}}<br>
20.                 username:{{this.$route.params.username}}
21.                 </h3>'
22.         }
23.         var router = new VueRouter({
24.             routes:[
25.                 { path:'/first', component: first },
26.                 { path:'/second', component: second },
27.                 { path:'/third', component: third, name:'param'},
28.             ]
29.         })
30.         var vm = new Vue({
31.             el:'#app',
32.             router,
33.             methods:{
34.                 toFirst: function () {
35.                     this.$router.push('/first')
36.                 },
37.                 toSecond: function () {
38.                     this.$router.push({ path:'/second', query:{
                        name:'lwk', pwd: 123456 } })
39.                 },
40.                 toThird: function () {
41.                     this.$router.push({ name:'param', params:{ id:
                        10, username:'lzh'} })
42.                 }
43.             }
44.         })
45.     </script>
```

程序运行效果如图 5－13 所示。

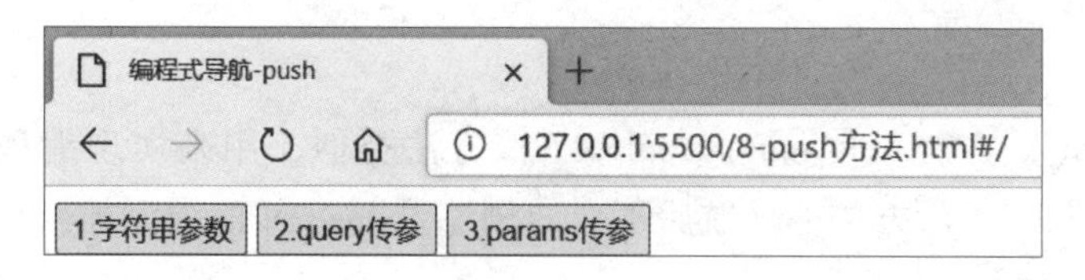

图 5－13　编程式导航－push( ) 方法

单击“1. 字符串参数”按钮，效果如图 5－14 所示。

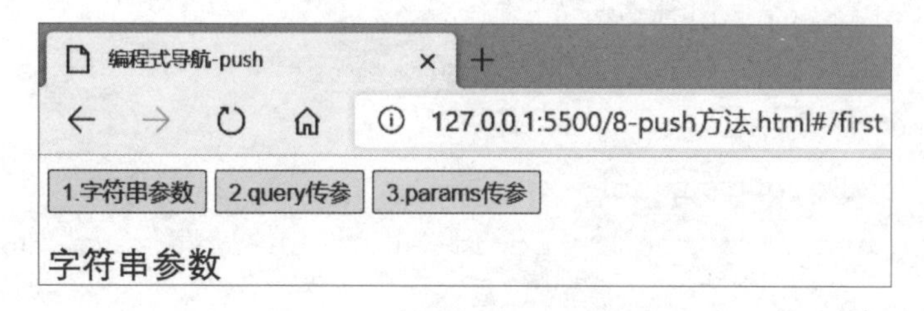

图 5－14　push( ) 中字符串参数

单击“2. query 传参”按钮，运行效果如图 5－15 所示。

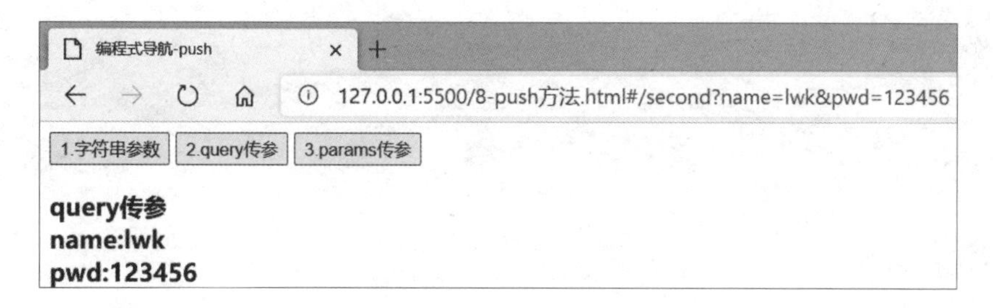

图 5－15　push( ) 中 query 传参

单击“3. params 传参”按钮，运行效果如图 5－16 所示。

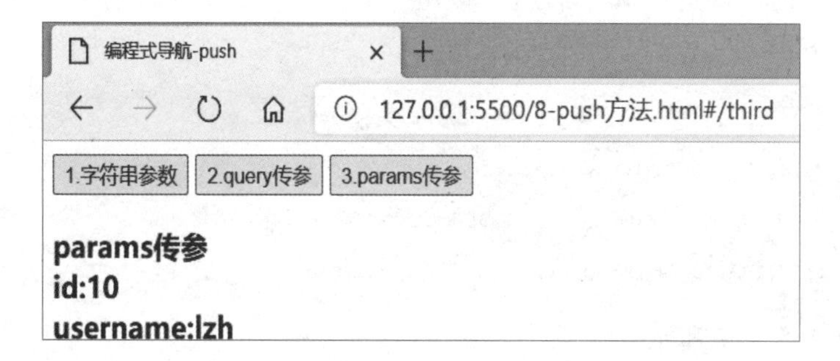

图 5－16　push( ) 中 params 传参

5.5.2 replace( ) 方法

$ router. push( ) 方法和 $ router. replace( ) 方法类似，用来实现编程式导航，区别在于使用 $ router. replace( ) 方法，导航后不会向浏览器 history 栈中添加新记录，而是替换当前的记录。

示例代码如下：

```
methods: {
        toFirst: function () {
          this. $ router.replace('/first')
          },
          toSecond: function () {
            this. $ router.replace({ path:'/second', query: { name:
'lwk', pwd: 123456 } })
          },
          toThird: function () {
            this. $ router.replace({ name:'param', params: { id: 10,
username: 'lzh'} })
          }
          }
```

5.5.3 go( ) 方法

$ router. go( ) 方法表示在浏览器 history 栈中前进或后退几步，$ router. go(-1) 表示后退一步，相当于 history. back( )；$ router. go(1) 表示前进一步，相当于 history. forward( )。其类似于浏览器上的“前进”和“后退”按钮，地址栏会发生相应的变化。

示例代码如下：

```
<button @click =goBack >4. 后退一步 < /button >
<button @click =goForward >5. 前进一步 < /button >
goBack:function(){this. $ router.go( -1)},
goForward:function(){this. $ router.go(1)}
```

运行效果如图 5 - 17 所示。

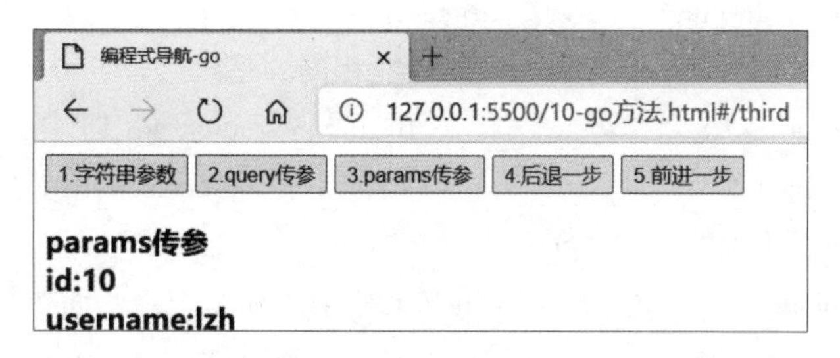

图 5 – 17 go( ) 方法

习题与实践

一、选择题

1. <router – link>默认解析为 html 中的（ ）标签。

A. <a> B. <h1> C. <p> D. <b>

2. 用于表示当前路由的选项是（ ）。

A. route B. router C. routes D. rout

3. 一个路由选项中通常包括（ ）。

A. path B. name C. component D. query

4. 获取动态路由｛path：'/user/：id'｝中 id 的值的正确方法是（ ）。

A. this. $ route. params. id B. this. route. params. id

C. this. $ router. params. id D. this. router. params. id

5. 下列关于 query 方式传参的说法，正确的是( )。

A. query 方式传递的参数会在地址栏展示

B. 页面跳转的时候，不能在地址栏看到请求参数

C. 在目标页面中使用“this. route. query. 参数名”来获取参数

D. 在目标页面中使用“this. route. params. 参数名”来获取参数

6. 下列关于 params 方式传参的说法，错误的是（ ）。

A. 在目标页面中也可以使用“Route. params. 参数名”来获取参数

B. 在页面跳转的时候，不能在地址栏看到请求参数

C. 以 params 方式传递的参数会在地址栏展示

D. 在目标页面中使用“this Route. params. 参数名”来获取参数

7. 以下选项中不可以进行路由跳转的是（ ）。

A. push( ). B. replace( ) C. route – link D. jump( )

8. 下列应用 push( ) 方法实现导航的代码不正确的是（ ）。

A. this. $ router. push({path:'home'})

B. this. $ router. push({path:'home', query:{id:'1'}})

C. this. $ router. push({path:'home', params:{id:'1'}})

D. this. $ router. push({name:'user', params:{userId:'1'}})

9. 下列选项中，与 historty. forward() 的功能相同的是（　　）

A. this. $ router. go(-1)　　B. this. $ router. go(1)

C. this. $ router. back　　D. this. $ router. forward

10. 下列说法中，正确的是（　）

A. $ router. replace() 不会向浏览器 history 栈中添加新记录，而是替换当前的记录

B. $ router. push() 会向浏览器 history 栈中添加新记录

C. $ router. replace() 和 $ router. push() 后，服务器都向浏览器发回响应

D. 嵌套路由就是子组件中又包含 <router - link>

二、实践题

1. 编写程序，实现如图 5-18 所示功能，单击导航栏中的按钮实现不同切换。

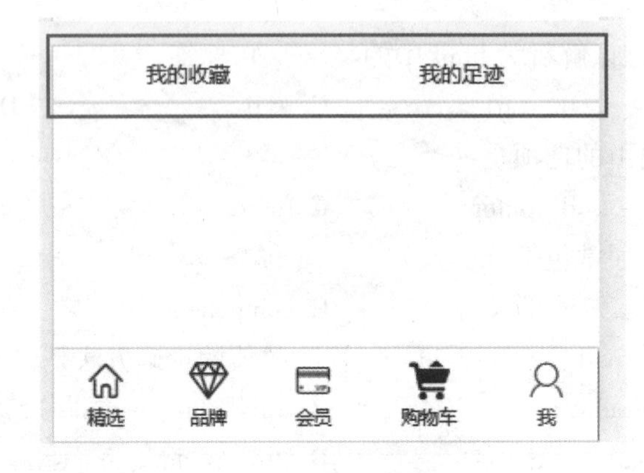

图 5-18　路由示例

2. 编写程序，实现如图 5-19 所示的后台管理界面功能。

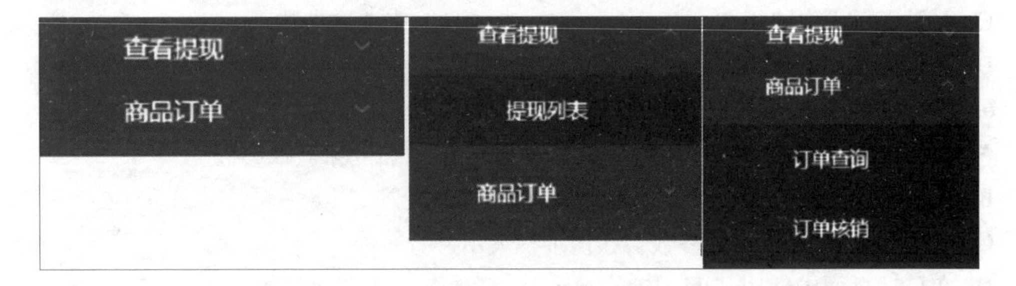

图 5-19　子路由示例

第6章 Vue项目构建

在实际开发工作中，需要考虑各方面的配置，操作比较烦琐，本章主要学习使用 vue - cli 快速创建 Vue 项目，用 Vant 组件库构建轻量、可靠的移动端，用 Axios 向后台发起请求。

【学习目标】

- 熟练掌握 Vue 项目构建工具
- 了解并使用 Vant
- 掌握 Axios 的使用

6.1 项目脚手架 vue - cli

使用 vue - cli 可以快速创建 Vue 项目，它自动生成 Vue + Webpack 的项目模板。

6.1.1 安装 vue - cli

在安装 vue - cli 之前，需要安装一些必要的依赖工具，如 Node. js 和 NPM。Node. js 是一个基于 Chrome V8 引擎的 JavaScript 运行环境，让 JavaScript 运行在服务端的开发平台，用于方便地搭建响应速度快、易于扩展的网络应用。

①打开 Node. js 官方网站，找到 Node. js 下载地址，根据需要下载 LTS（Long Term Support）长期支持版或当前发布版，如图 6 - 1 所示。

②双击安装包进行默认安装。

③查看安装信息，确认是否成功安装。在命令行输入“node - v”，若出现版本相应信息，说明安装成功，如图 6 - 2 所示。

④查看 NPM 版本。NPM（Node. js Package Manager）是一个 Node. js 包管理工具，通过 NPM 可解决 Node. js 代码部署问题，在安装 Node. js 的同时，会自动安装相应的版本。在命令行输入“npm - v”，查看版本号，如图 6 - 3 所示。

图 6－1　Node. js 下载

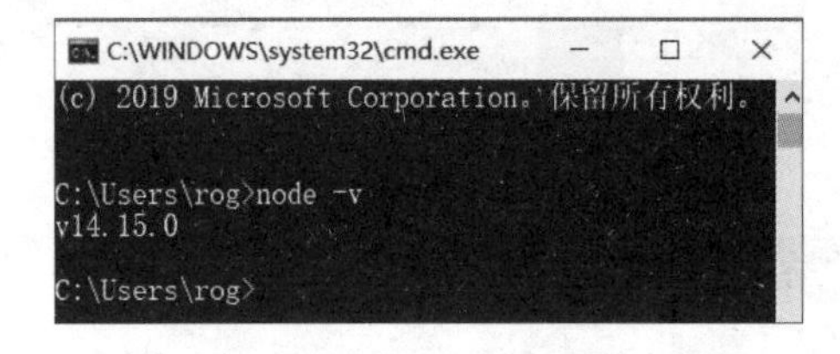

图 6－2　查看安装信息

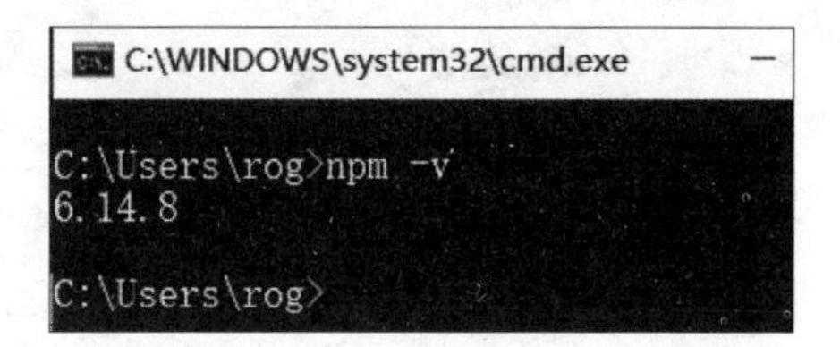

图 6－3　查看 NPM 版本号

⑤安装 vue－cli。在命令行中通过 NPM 方式全局安装 @vue/cli 脚手架，命令如下：

```
npm install -g @vue/cli
    (npm install -g cnpm --registry=https://registry.npm.taobao.org)
```

安装之后，可以使用 vue－v 命令来查看版本号及检测是否安装成功，命令如下：

```
    vue -v(或 vue --version)
```

6.1.2　使用 vue create 创建项目

打开命令行工具，切换到需要创建项目的路径，使用 vue create 命令创建项目，它会自动创建新的文件夹，根据选项配置所需文件、目录、配置和依赖文件，实现快速创建项目。

例如，在 E:\vue\chat6 目录下创建 demo－1 项目，命令如下：

```
    E:\vue\chat6 >vue create demo -1
```

①出现如图 6 - 4 所示界面，提示用户选取一个预设，用户可以根据需要进行选择。此处选取手动配置，并按 Enter 键。

②在图 6 - 5 中，根据项目需要进行选取。

```
E:\vue\chat6>vue create demo-1

Vue CLI v4.5.9

  New version available 4.5.9 → 4.5.10
    Run npm i -g @vue/cli to update!

? Please pick a preset:
  Default ([Vue 2] babel, eslint)
  Default (Vue 3 Preview) ([Vue 3] babel, eslint)
> Manually select features
```

图 6 - 4 选择预设方式

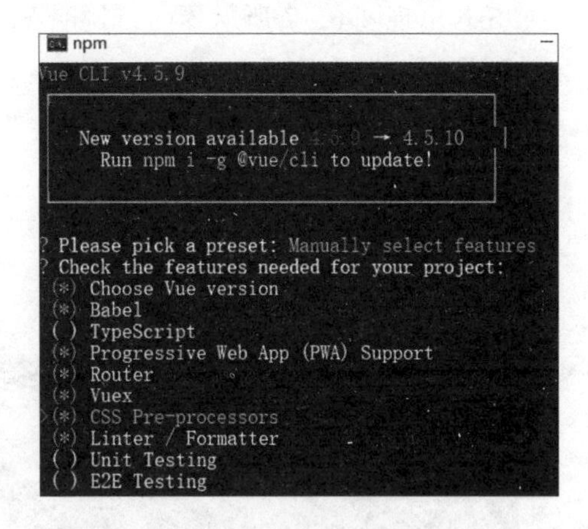

图 6 - 5 手动选择特性

其中：

Choose Vue version，选择 Vue 版本。

Babel，基础编译器。

TypeScript，一种编程语言。

Progressive Web App（PWA）Support，渐进式 Web 应用。

Router，路由管理器。

Vuex，项目状态管理。

CSS Pre - processors，CSS 预处理。

Linter/Formatter，代码风格检查和格式化。

Unit Testing，单元测试。

E2E Testing，端对端测试。

按空格键可以选择/取消选择某一项，按 A 键全选，按 I 键反选。

③手动选择相关选项，程序会询问一些详细配置，用户可以根据需要进行配置，如图 6 - 6 所示。

```
? Please pick a preset: Manually select features
? Choose a version of Vue.js that you want to start the project with 3.x (Preview)
? Use history mode for router? (Requires proper server setup for index fallback in production) Yes
? Pick a CSS pre-processor (PostCSS, Autoprefixer and CSS Modules are supported by default): Sass/SCSS
? Pick a linter / formatter config: Basic
? Pick additional lint features: Lint on save
? Where do you prefer placing config for Babel, ESLint, etc.? In package.json
? Save this as a preset for future projects? (y/N) n
```

图 6 - 6 相关选项配置

④项目创建完成后，执行以下命令进入项目目录，并启动项目：

```
cd demo -1
npm run serve
```

⑤若出现图 6 -7 所示界面，说明 Vue 项目创建成功。

⑥在浏览器中打开 http://localhost:8080，页面如图 6 -8 所示。

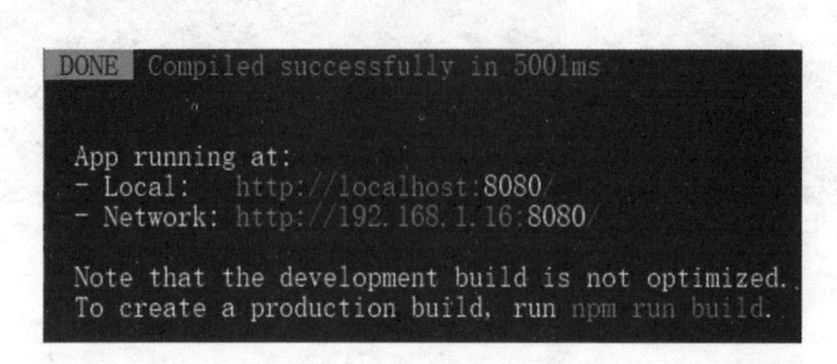

图 6 -7 创建完成

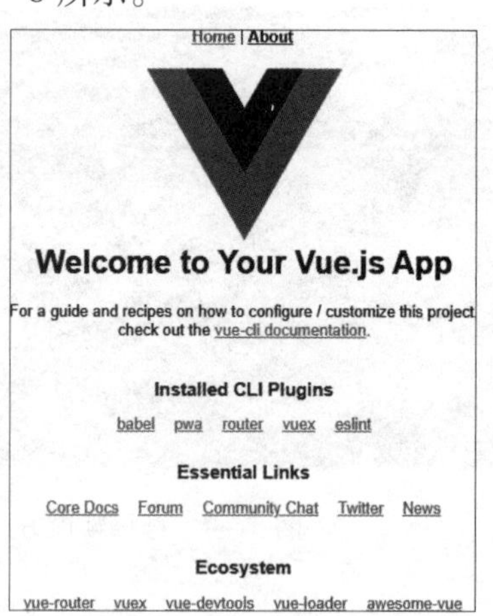

图 6 -8 项目初始页面

6.1.3 项目初始目录结构

项目创建成功，使用 VS Code 软件打开项目目录。项目初始目录结构如图 6 -9 所示。

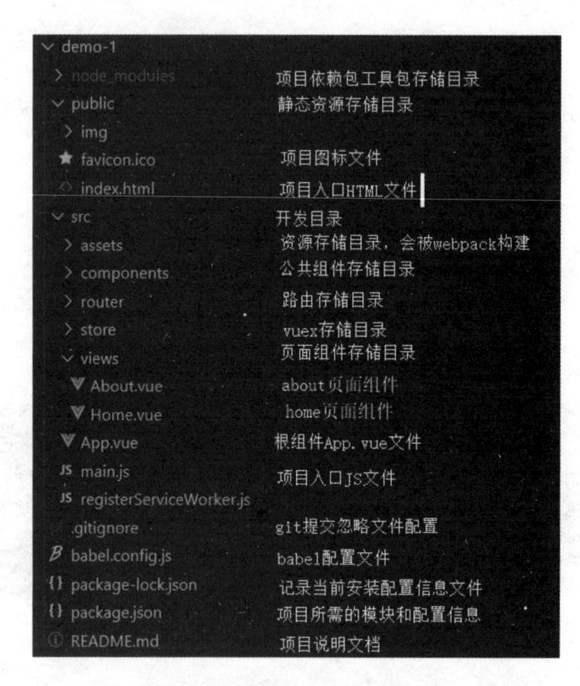

图 6 -9 项目初始目录结构

demo－1\public 目录下的 index. html 文件为项目入口 html 文件，代码如下：

```
1. <! DOCTYPE html >
2. <html lang = "" >
3.     <head >
4.       <meta charset = "utf -8" >
5.       <meta http - equiv = "X - UA - Compatible" content = "IE = edge" >
6.       <meta name = "viewport" content = "width = device - width,initial
       - scale =1.0" >
7.       <link rel = "icon" href = " <% = BASE_URL % >favicon.ico" >
8.       <title > <% = htmlWebpackPlugin.options.title % > </title >
9.     </head >
10.     <body >
11.       <noscript >
12.         < strong > We're sorry but <% = htmlWebpackPlugin.options.
        title % > doesn't work properly without JavaScript enabled.
        Please enable it to continue. </strong >
13.       </noscript >
14.       <div id = "app" > </div >
15.       <! --built files will be auto injected -- >
16.     </body >
17. </html >
```

其中，第 15 行代码是 Vue 组件的挂载点，是项目展示内容的位置。

demo－1\src\main. js 文件是项目入口文件，实现 index. html 和 app. vue 的关联，代码如下：

```
import { createApp } from 'vue'
import App from './App.vue'
Import './registerServiceWorker'
import router from './router'
Import store from './store'
createApp(App).use(store).use(router).mount('#app')
```

在此文件中可引入需要使用的组件并注册。

demo－1\src\App. vue 文件是根组件，显示项目首页的内容，代码如下：

```
<template >
  <div id = "nav" >
```

```
    <router-link to="/">Home</router-link> |
    <router-link to="/about">About</router-link>
  </div>
  <router-view />
</template>
<style lang="scss">
…（省略部分代码）
</style>
```

6.2 Vant 插件

Vant 是有赞前端团队提供的一套轻量、可靠的移动端 Vue 组件库，通过 Vant 可以快速搭建出风格统一的页面，提升开发效率。目前已有 60 多个基础组件和业务组件，这些组件被广泛使用于各个移动端业务中。

6.2.1 安装 Vant 插件

1. CDN 方式

访问下面的文件 URL，会自动重定向至最新版本的 CDN 链接，建议使用固定版本的 CDN 链接，避免升级时受到非兼容性更新的影响。

```
<!--引入样式-->
<link rel="stylesheet" href="https://unpkg.com/vant/lib/vant-css/index.css">
<!--引入组件-->
<script src="https://unpkg.com/vue/dist/vue.min.js"></script>
<script src="https://unpkg.com/vant/lib/vant.min.js"></script>
```

2. NPM 方式

在项目目录下执行以下命令：

```
npm i vant@next -S
```

6.2.2　引入组件

①利用 babel - plugin - import 方式使用 Vant。

babel - plugin - import 是一款 Babel 插件，它会在编译过程中将 import 的写法自动转换为按需引入的方式。

a. 执行以下命令：

```
# 安装 babel -plugin -import 插件
npm i babel -plugin -import -D
```

b. 在 . babelrc 或 babel - loader 文件中添加插件配置。使用 Babel 7 的用户可以在 babel. config. js 中配置。

```
//注意:webpack 1 无须设置 libraryDirectory
{
  "plugins":[
    ["import",{
      "libraryName":"vant",
  "libraryDirectory":"es",
      "style":true
    }]
  ]
}
```

②在代码中直接引入 Vant 组件，例如引入按钮组件。

```
import { Button } from'vant';
createApp(App).use(Button)
```

a. 手动按需引入组件。

在不使用插件的情况下，可以手动引入需要的组件。

```
import Button from'vant/lib/button';
import'vant/lib/button/style';
```

b. 导入所有组件。

Vant 支持一次性导入所有组件，引入所有组件会增加代码包体积，因此不推荐这种做法。

```
import Vue from'vue';
import Vant from'vant';
```

```
import 'vant/lib/index.css';
Vue.use(Vant);
```

6.2.3 使用 Vant 组件

轮播图是网站中常用的功能，用来展示图像或内容，提高用户的关注度。Vant 展示组件中提供 Swipe 组件用于循环播放一组图片或内容。

例 1：首先，在项目 main. js 中引入组件，代码如下：

```
import { Swipe, SwipeItem } from 'vant';
createApp(App).use(Swipe).use(SwipeItem)
```

其次，打开 about. vue 文件，添加如下代码：

```
<template>
  <van-swipe class="my-swipe" :autoplay="3000" indicator-color="white">
    <van-swipe-item>1</van-swipe-item>
    <van-swipe-item>2</van-swipe-item>
  <van-swipe-item>3</van-swipe-item>
    <van-swipe-item>4</van-swipe-item>
  </van-swipe>
</template>
<style scoped>
.my-swipe .van-swipe-item {
  color: #fff;
  font-size: 20px;
  line-height: 150px;
  text-align: center;
  background-color: #39a9ed;
}
</style>
```

最后，启动项目，运行效果如图 6-10 所示。

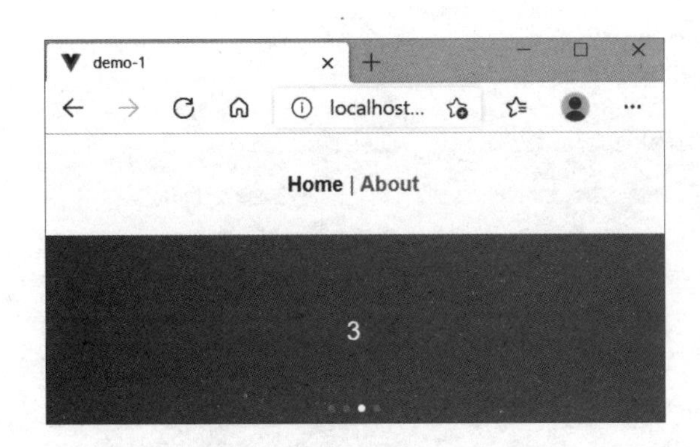

图 6－10　Vant 轮播图组件

6.3　Axios

Axios 是一个基于 Promise 的用于浏览器和 Node. js 的 HTTP 客户端，本质上也是对原生 XHR 的封装，符合最新的 ES 规范。Axios 的主要作用是方便向后台发起请求。其支持 Promise、能拦截请求和响应、能转换请求和响应数据、能取消请求、自动转换 JSON 数据、支持浏览器防止 CSRF（跨站请求伪造）。

6.3.1　Axios 基础

在 Axios 中，最常用的是使用 get 方法发送 get 请求，使用格式如下：

```
axios.get(url?key1 = value&key2 = value)
.then(function(res){})
.catch(function(err){})
```

其中，url 表示访问的地址；?key1 = value&key2 = value 是参数，根据访问需要，可有可无；then 表示获取返回值；catch 表示有异常进行处理。

例 2：使用 Axios 的 get 方法获取“https://autumnfish. cn/api/joke/list”中的 3 条笑话，并输出到控制台。

```
1. <! DOCTYPE html >
2. <html lang = "en" >
3. <head >
4.     <meta charset = "UTF -8" >
5.     <meta name = "viewport" content = "width = device - width,
6. initial - scale =1.0" >
```

```
7.     <title>Document</title>
8.     <!-- <script
9.src="https://unpkg.com/axios/dist/axios.min.js"></script> -->
10.     <script src="axios.min.js"></script>
11.
12.</head>
13.<body>
14.     <script>
15.     axios.get("https://autumnfish.cn/api/joke/list?num=3")
16.     .then(function(res){
17.         console.log(res)
18.     })
19.     .catch(function(error){
20.         console.log(error)
21.     })
22.</script>
23.</body>
24.</html>
```

程序运行结果如图 6－11 所示。

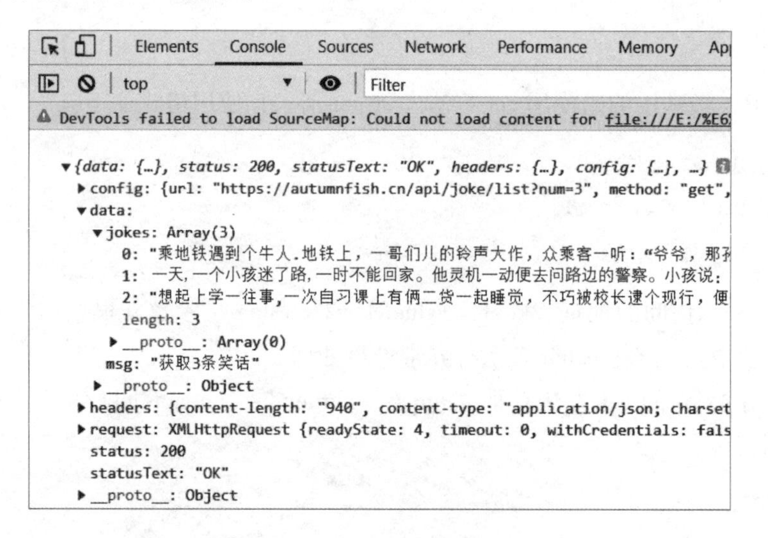

图 6－11　使用 Axios 的 get 方法

在 Axios 中使用 post 方法发送 post 请求，使用格式如下：

```
axios.post('url', {Key1: value, Key2: value})
  .then(function (res) {
```

```
    console.log(res);
  })
  .catch(function (error) {
    console.log(error);
  });
```

其中，url、then、catch与get方法相同，如果需要传递参数，以对象的形式表示。

例3：使用Axios的post方法在“https://antumnfish.cn/api/user/reg”中通过username注册用户，并把结果输出到控制台。

```
1. <! DOCTYPE html >
2. <html lang = "en" >
3. <head >
4.     <meta charset = "UTF -8" >
5.     <meta name = "viewport" content = "width = device - width, initial
       -scale =1.0" >
6.     <title >axios -post </title >
7.      <! - - < script src = " https:// unpkg.com/ axios/ dist/
       axios.min.js" > </script > -- >
8.     <script src = "axios.min.js" > </script >
9. </head >
10. <body >
11.     <script >
12.         axios.post("https://autumnfish.cn/api/user/reg",
13.{ username:"sdylwk" })
14.             .then(function(Response){
15.                 console.log(Response)
16.             })
17.             .catch(function (error) {
18.                 console.log(error)
19.             })
20.     </script >
21. </body >
22. </html >
```

程序运行效果如图6－12所示。

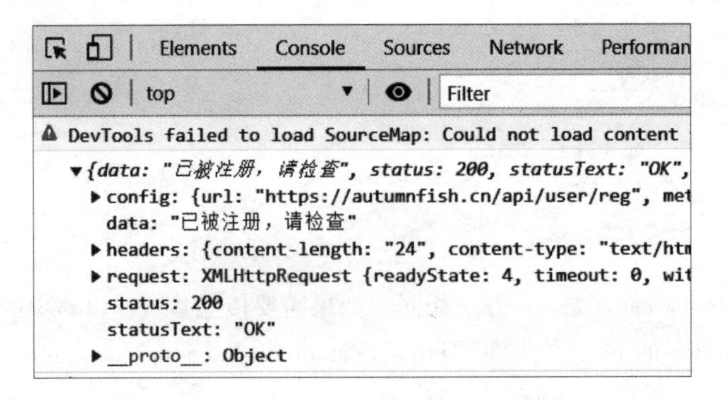

图 6－12　使用 Axios 的 post 方式

6.3.2 在 Vue 单文件中使用 Axios

在 Vue 中通过 <script> 方式引用 Axios，将 Axios 方法加载到 mounted 生命周期钩子函数中。

例 4：在 Vue 中使用 Axios。

```
1. <html>
2. <head>
3.     <meta charset="UTF-8">
4.     <meta name="viewport" content="width=device-width, initial
       -scale=1.0">
5.     <script src="vue3.js"></script>
6.     <script src="axios.min.js"></script>
7. </head>
8. <body>
9.     <div id="app">
10.        <li v-for="(item,index) in link" :key=index>{{item}}</
           li>
11.     </div>
12.     <script>
13.        const app = {
14.            data() {
15.                return {
16.                    link: []
17.                }
18.            },
```

```
19.             mounted() {
20.                 var that = this
21.                 axios.get("https://autumnfish.cn/api/joke/list?
                    num=3")
22.                     .then(function (response) {
23.                         that.link = response.data.jokes
24.                     },
25.                         function (err) {
26.                         })
27.             }
28.         }
29.         Vue.createApp(app).mount("#app")
30.     </script>
31. </body>
32. </html>
```

程序运行效果如图 6－13 所示。

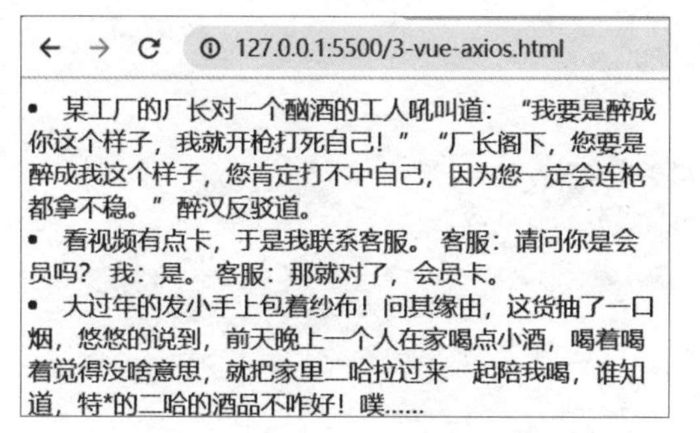

图 6－13　在 Vue 中使用 Axios

6.3.3　Axios 在 Vue 项目中的使用

①在 Vue 项目中使用 Axios 时，使用 NPM 安装 Axios 插件，安装命令如下：

```
npm install axios -S
```

②在 views 目录下创建一个页面组件文件 Axios. vue，该文件代码如下：

```
1. <template>
2.   <div id="cont" >
3.     <li v-for="(item, index) in links" :key="index">{{ item }}</li>
```

```
4.   </div>
5.</template>
6.<script>
7.import axios from "axios";//导入 Axios 组件
8.export default {
9.  name: "Axios",
10.  data() {
11.    return {
12.      links: [],
13.    };
14.  },
15.  mounted() {
16.    var that = this;
17.    axios
18.      .get("https://autumnfish.cn/api/joke/list? num=3")
19.          .then(function (res) {
20.        console.log(res.data.jokes);
21.        that.links = res.data.jokes;
22.      })
23.      .catch(function (error) {
24.        console.log(error);
25.      });
26.  },
27.};
28.</script>
29.<style  scoped>
30.#cont{
31.  width:100% ;
32.  text-align: left;
33.}
34.</style>
```

③在 src\router\index. js 文件中添加路由，代码如下：

```
{
    path:'/Axios',
    name:'Axios',
```

```
    component: () => import('./views/Axios.vue')
  }
```

④在 App. vue 根组件中添加路由导航，代码如下：

```
<router-link to="/axios">Axios</router-link>
```

运行项目，效果如图 6 – 14 所示。

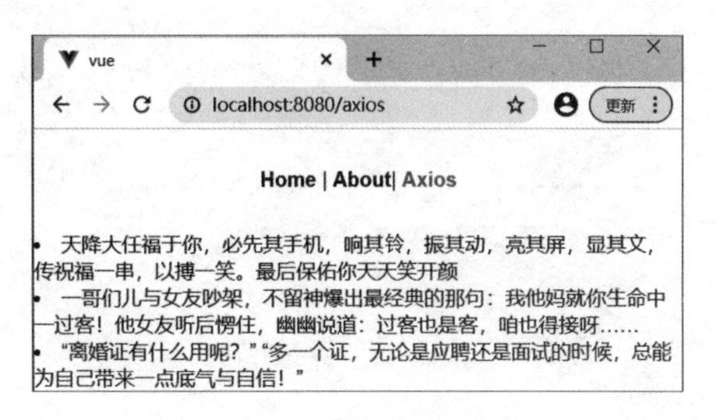

图 6 – 14　在 Vue 项目中使用 Axios

6.3.4　Axios 封装及调用

在实际开发中，为了方便使用，经常将请求方法进行封装后调用。下面通过封装 get 方法请求数据。创建 src/network/pack. js 文件，封装代码如下：

```
import axios from 'axios';
export function get(url,params){
    return axios.get(url,{
        params
    })
}
```

新建 src/views/Pack. vue 文件，代码如下：

```
1. <template>
2.   <div id="cont">
3.     <li v-for="(item, index) in links" :key="index">{{ item }}</li>
4.   </div>
5. </template>
6. <script>
7. import { get } from "./network/pack";
8. export default {
```

```
9.  name: "Pack",
10.   data() {
11.     return {
12.       links: [],
13.     };
14.   },
15.   mounted() {
16.     get("https://autumnfish.cn/api/joke/list", { num: 3 })
17.       .then((res) =>{
18.         console.log(res);
19.         this.links = res.data.jokes;
20.       })
21.       .catch((err) =>{
22.         console.log(err);
23.       });
24.       },
25.};
26.</script>
27.<style  scoped>
28.#cont {
29.   width: 100% ;
30.   text-align: left;
31.}
32.</style>
```

其中，第 16~23 行代码通过封装后的 get 方法获取数据。

程序运行效果如图 6-15 所示。

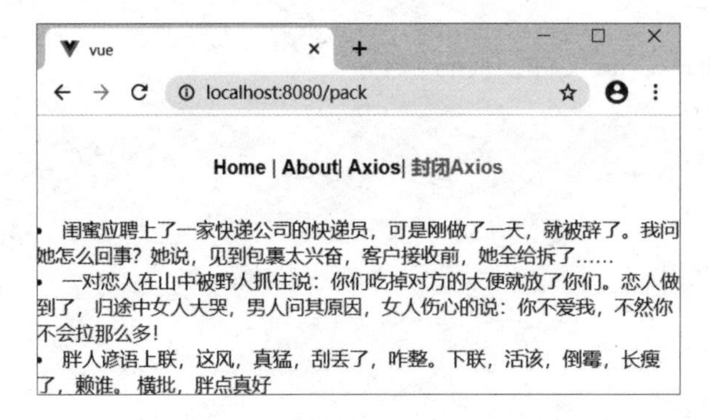

图 6-15　封装 Axios

习题与实践

一、选择题

1. 下列说法正确的是（　　）。

A. npm install moduleName # 安装模块到项目目录下

B. npm install -g moduleName # -g 的意思是将模块安装到全局，具体安装到磁盘哪个位置，要看 npm config prefix 的位置

C. npm install --save moduleName # --save 的意思是将模块安装到项目目录下，并在 package 文件的 dependencies 节点写入依赖

D. npm install --save-dev moduleName # --save-dev 的意思是将模块安装到项目目录下，并在 package 文件的 devDependencies 节点写入依赖

2. 记录项目配置信息的文件是（　　）。

A. package. json　　　　B. index. js

C. main. js　　　　D. rouer. js

3. npm run build 打包生成的文件存放在（　　）目录下。

A. src　　　　B. public

C. dist　　　　D. demo

4. 以下选项中，一定不会发生跨域的是（　　）。

A. www. jd. com 与 www. 163. com

B. www. jd. com:8080 与 www. jd. com:8081

C. www. jd. com/1 与 www. jd. com/2

D. http://jd. com 与 https://jd. com

5. 以下选项中，Axios 会请求失败的是（　　）。

A. axios. get('/user', { params: { id: 12345, name: user}})

B. axios. get('/user?id=12345&name=user')

C. var formData = new FormData();

　　formData. append('user',123456);

　　formData. append('pass',12345678);

　　axios. post("/notice", formData)

D. axios. get('/user',(id:123))

二、实践题

编写程序，实现网易云音乐播放功能，如图6-16所示。在搜索框中输入歌曲名进行查找，单击歌曲名可播放音乐，单击右边的按钮可播放视频。

1. 搜索关键词：https://autumnfish. cn/search?keywords=keyname。

2. 歌曲 URL：https://autumnfish. cn/song/url?id=id。

3. 歌曲封面：https://autumnfish. cn/song/detail?ids=id。

4. MVURL：https://autumnfish. cn/mv/url?id = id。

5. 歌曲评论：https://autumnfish. cn/comment/music?id = id&limit = num)。

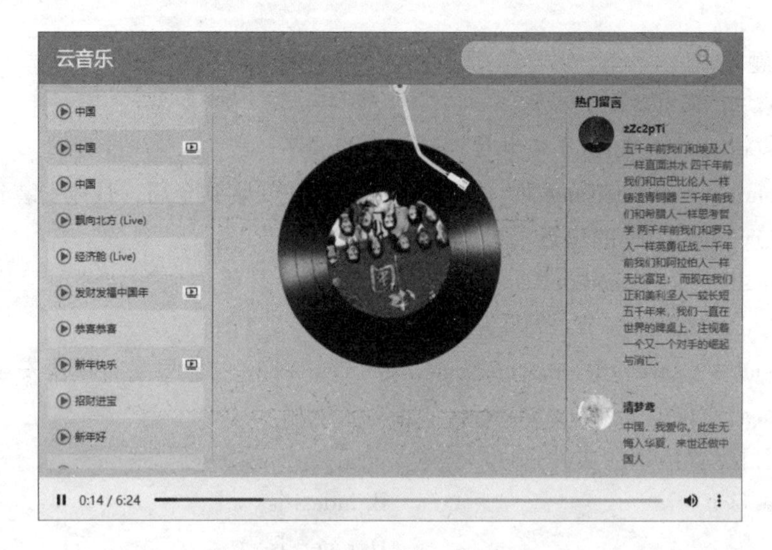

图 6－16　在线音乐播放器

第7章 组合式API

当开发者使用 Vue 构建更大型项目时，依靠选项式 API 所使用的编程模式会使复杂组件的代码变得越来越难以阅读和理解，提取和重用多个组件之间的逻辑成本和机制越来越复杂，为此，Vue 引入新的编程方式——组合式 API。本章主要讲解组合式 API 的入口函数、组成、生命周期钩子函数及 provide 和 inject。

【学习目标】

- 了解组合式 API
- 掌握 setup 选项
- 掌握 provide 和 inject
- 了解组合式 API 生命周期钩子函数

7.1 组合式 API 简介

Vue 的核心是数据驱动和组件化。Vue 中通过创建组件，可以将接口的可重复部分及其功能提取到可重用的代码段中，这极大增强了应用程序的可维护性和灵活性。Vue 2.0 提供的选项式 API（OptionsAPI）是通过组件的选项（data、computed、methods、watch）来组织逻辑的，对于中小型项目来说，完全满足需要。但是当项目中的组件越来越多时，这会导致组件难以阅读和理解，因此 Vue 3.x 中出现了组合式 API（compositionAPI），组合式 API 允许用户像编写函数一样自由地组合逻辑和代码。

7.1.1 组合式 API 的入口函数

在 Vue 组件中，通过 setup 函数来使用组合式 API。setup 函数是组合式 API 的入口函数，由于它在组件创建之前被调用，因此 setup 函数中不能使用 this 获取当前组件的实例。

setup 函数可接收两个参数：props 和 context。props 表示传递过来的数据，context 可以解构为 attrs、slots、emit。其中，attrs 是绑定到组件中的非 props 数据，slots 是组件的插槽，

emit 是一个方法。

setup 函数返回一个对象，对象的属性可以直接在模板中进行使用，就像之前使用 data 和 methods 一样。

例 1：setup 函数中的 this。

```
<script>
        const app = {
            setup() {
                console.log("setup 函数正在创建")
              //先于 created 执行,此时组件尚未创建,this 指向 window
                console.log(this); //window
            },
            created() {
                console.log("created 函数正在创建")
                console.log(this); //proxy 对象 -> 组件实例
            }
        }
        const vm = Vue.createApp(app).mount("#app")
</script>
```

程序运行结果如图 7－1 所示。

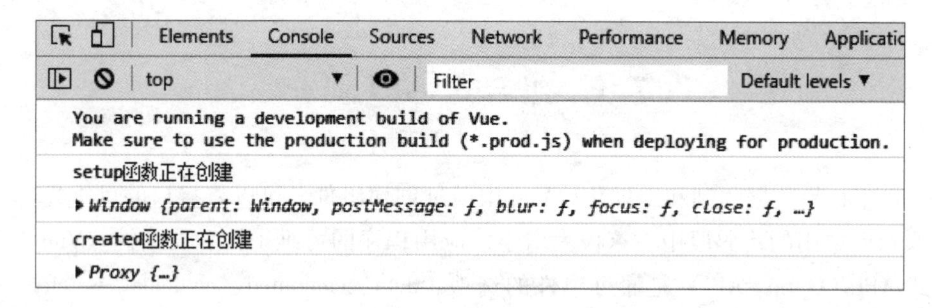

图 7－1　setup 函数中的 this

7.1.2　ref 与 reactive 函数

ref( ) 和 reactive( ) 用来定义响应式数据。ref( ) 用来为给定的值创建一个响应式的数据对象。ref( ) 的返回值是一个对象，这个对象上只包含一个 . value 属性，主要用于定义数字、字符串、布尔值和数组。reactive 主要用于定义对象。

例 2：ref 与 reactive 双向绑定。

```
1.<template>
2.  <div>
3.      <p>普通数据:{{num1}} <input type=text v-model=num1></p>
4.      <p>ref 数据:{{num2}} <input type=text v-model=num2></p>
5.      <p>reactive 数据:{{num3.count}} <input type=text v-model=
      num3.count></p>
6.  </div>
7.</template>
8.<script>
9.import {reactive, ref} from "vue"
10.export default {
11.name:"Ref",
12.setup(){
13.    var num1 =10;
14.    var num2 =ref(10)
15.    var num3 =reactive({count:10})
16.    console.log("1----" +num1)
17.    console.log("2----" +num2.value)
18.    console.log(num2)
19.    console.log("4----" +num3.count)
20.    return{
21.        num1,num2,num3
22.    }
23.}
24.}
25.</script>
```

程序运行结果如图7-2所示。

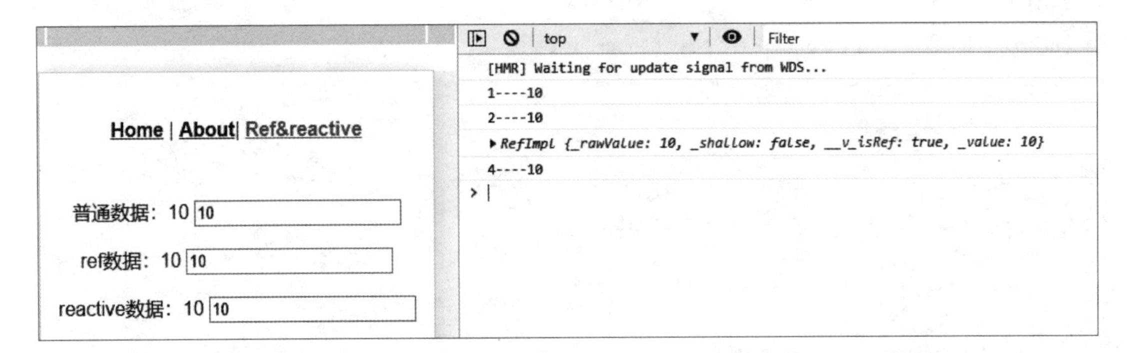

图7-2　ref 与 reactive

注意，代码中的第 17 行与第 18 行不同，在 setup 函数中，num2 是一个对象，因此第 17 行的输出结果为 10，第 18 行的输出结果为 RefImpl。

通过 input 框改变 num1、num2、num3。num1 不是响应式，因此原数据不变；num2，num3 的值自动更新，是因为 ref 和 reactive 支持响应式。如图 7－3 所示。

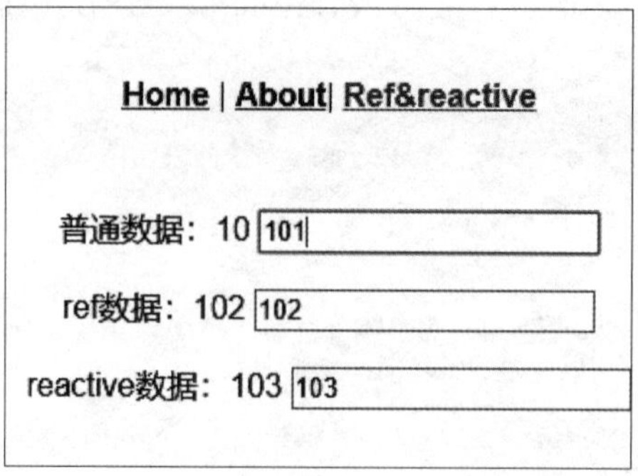

图 7－3　ref 与 reactive 响应式

7.1.3　toRefs 函数

为了在模板中方便引用对象的属性，可以通过 toRefs() 函数将 reactive() 创建出来的响应式对象转换为 ref 形式的响应式数据。

例 3：toRefs 应用。

```
1.<template>
2.  <div>
3.      <p>{{userName}}</p>
4.      <p>{{age}}</p>
5.      <p>{{address}}</p>
6.  </div>
7.</template>
8.<script>
9.import { reactive,toRefs } from'vue'
10.export default {
11.name:"Torefs",
12.setup(){
13.    const userInfo=reactive({
14.        userName:"lwk",
15.        age:18,
16.        address:"xi'an"
```

```
17.        })
18.     return{
19.        ..toRefs(userInfo) /* .. 相对数组或对象的扩展语法。将 userInfo
           对象中的每一项拆开 */
20.     }
21.}
22.}
23.</script>
```

程序运行效果如图7－4所示。

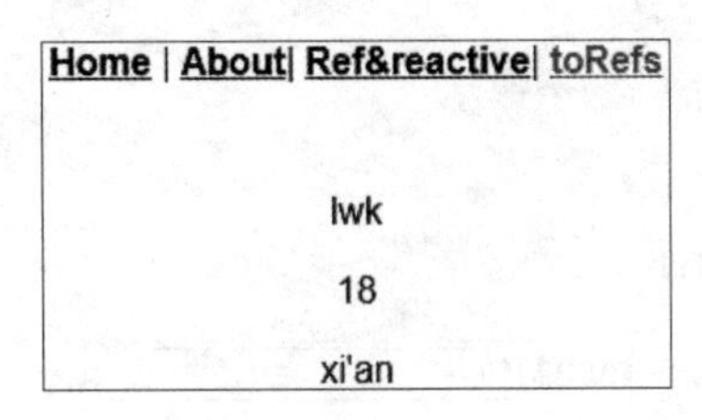

图7－4 toRefs 函数

7.2 computed、watch 和 watchEffect

7.2.1 computed 函数

computed() 函数用来创建计算属性，当其依赖的值发生变化时，函数的返回值会自动更新，返回值是一个 ref 的实例。

例4：computed 函数示例。

```
1.<template>
2.  <div>
3.    <p>num1:<input type="text" v-model="num1" /></p>
4.    <p>num2:<input type="text" v-model="num2" /></p>
5.    <p>计算属性:{{ num1 }}+{{ num2 }}={{ sum }}</p>
6.  </div>
7.</template>
8.<script>
9.import { computed, ref } from "vue";
```

```
10.    export default {
11.  name: "Computed",
12.  setup() {
13.    var num1 = ref(10);
14.    var num2 = ref(20);
15.    var sum = computed(() =>{
16.      return parseInt(num1.value) + parseInt(num2.value);
17.    });
18.    return { num1, num2, sum };
19.  },
20.};
21. </script>
```

程序运行效果如图 7-5 所示。

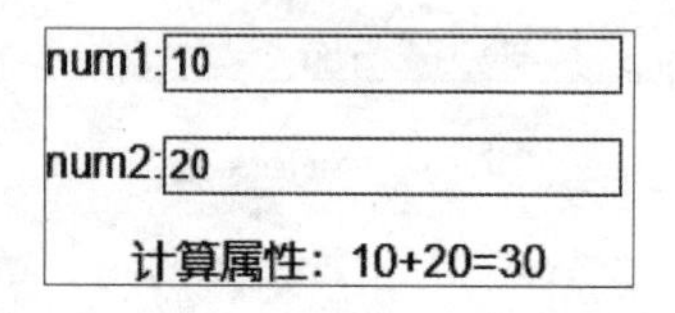

图 7-5　computed 函数

当改变 num1 或 num2 的值时，其和自动计算。

计算函数的返回值是只读属性，不能直接修改。若要得一个可读写的计算机属性，可通过定义读写函数来实现。

例 5：computed 读写属性。

```
1.setup() {
2.    //  #1.创建只读的计算属性
3.    const count  = ref(1);
4.    const setOne  = computed(()  = > count.value  + 1);
5.    console.log(setOne.value);//输出 2
6.    setOne.value ++;            //报错，计算属性不能直接修改
7.    //#2.创建可读写的计算属性
8.    /* 在调用 computed() 函数期间，传入一个包含 get 和 set 函数的对象，可以得
        到一个可读写的计算属性 */
9.
10.     const setTwo  = computed({
11.       //取值函数
12.       get: ()  = > count.value  + 1,
```

```
13.            //赋值函数
14.        set: (val) =>{
15.          count.value = val -1;
16.        },
17.      });
18.      //为计算属性赋值的操作,会触发 set 函数
19.      setTwo.value = 10;
20.      console.log(count.value); //输出9, 触发 set 后,count 的值会被更新
21.},
```

7.2.2 watch 和 watchEffect

watch( ) 函数用来监视某些数据项的变化，从而触发某些特定的操作。watch 具有如下特性：

①具有一定的惰性，其在第一次页面展示的时候不会执行，只有数据变化的时候才会执行。

②参数可以取当前值和原值。

③可以侦听多个数据的变化，用一个侦听器承载。

例6：watch 函数。

```
1.<template>
2.  <div>
3.    <h4>1. 基本类型</h4>
4.    <p>{{ count }} <input type="text" v-model="count" /></p>
5.    <hr />
6.    <h4>2. 对象类型</h4>
7.    <p>{{ name }} <input type="text" v-model="name" /></p>
8.    <p>{{ age }} <input type="text" v-model="age" /></p>
9.  </div>
10.</template>
11.
12.<script>
13.import { ref, watch, reactive, toRefs } from "vue";
14.export default {
15.  name: "Watch",
16.  setup() {
17.    //1. 对基本类型侦听
18.       const count = ref(10);
```

```
19.         watch(count, (curCount, preCount) =>{
20.       console.log(" 当前值:" + curCount + "  原值:" + preCount);
21.     });
22.     // 2. 对对象侦听
23.     const nameObj = reactive({ name: "lwk", age: 20 });
24.     //监听一个数据
25.     watch(
26.       () => nameObj.name,
27.       (curVal, prevVal) =>{
28.         console.log("对象类型---当前值:" + curVal + "原值:" + prevVal);
29.       }
30.     );
31.     //监听多个数据
32.     watch(
33.       [() => nameObj.name, () => nameObj.age],
34.       ([curName, curAge], [prevName, preAge]) =>{
35.         console.log(curName, curAge, "----", prevName, preAge);
36.       }
37.     );
38.     return {
39.       count,
40.       ..toRefs(nameObj),
41.     };
42.   },
43.};
44.</script>
```

程序运行效果如图 7－6 所示。

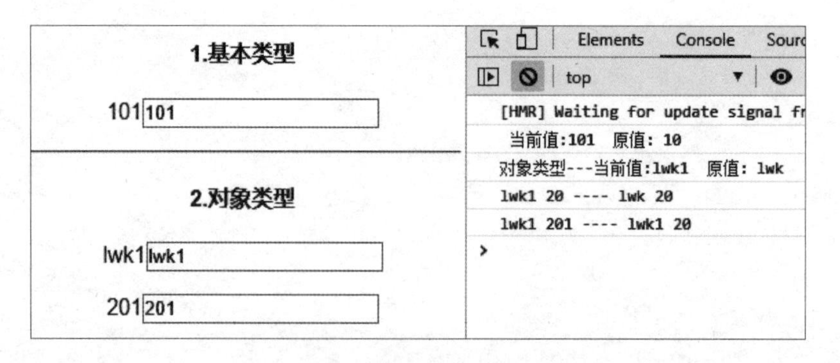

图 7－6 watch 示例

watchEffect函数没有过多的参数，只有一个回调函数，watchEffect会返回一个用于停止这个监听的函数。

①立即执行，没有惰性，页面的首次加载就会执行。

②自动检测内部代码，代码中有依赖便会执行。

③不需要传递要侦听的内容，会自动感知代码依赖，不需要传递很多参数，只要传递一个回调函数。

④不能获取之前数据的值，只能获取当前值。

例7：watchEffect示例。

```
1. <template>
2.   <div>{{ count }} </div><!-- //0 5 s后变为1 -->
3. </template>
4.
5. <script>
6. import { ref, watchEffect } from "vue";
7. export default {
8.   setup() {
9.     const count = ref(0);
10.     console.log(count.value);
11.     stop = watchEffect(() => console.log(count.value));
12.     setTimeout(() =>{
13.       count.value = 1;
14.     }, 5000);
15.     console.log(count.value);
16.     return { count };
17. },
18. };
19. </script>
```

程序运行效果如图7-7所示。

1

[HMR] Waiting for update signal from WDS...
0
0
0
1
>

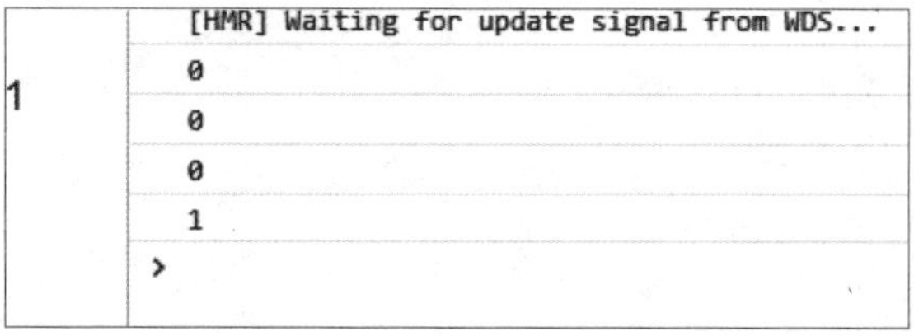

图7-7　watchEffect示例

7.3 provide 和 inject

常用的父子组件通信方式都是父组件绑定要传递给子组件的数据，子组件通过 props 属性接收，一旦组件层级变多，采用这种方式一级一级传递值非常麻烦，并且代码可读性不高，不便于后期维护。

Vue 提供了 provide 和 inject 帮助解决多层次嵌套通信问题。在 provide 中指定要传递给子孙组件的数据，子孙组件通过 inject 注入祖父组件传递过来的数据，如图 7－8 所示。

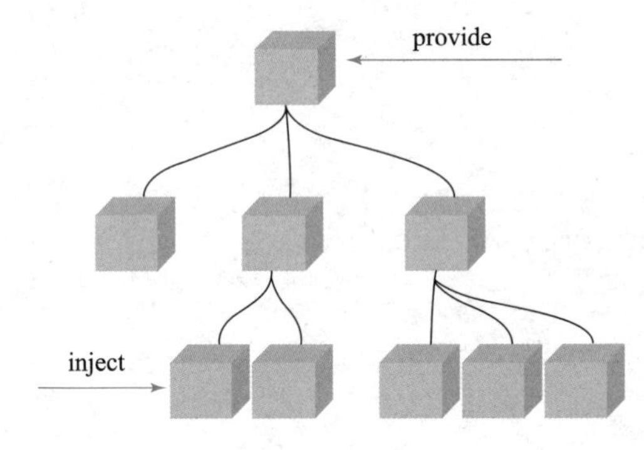

图 7－8　provide 及 inject 传值图

7.3.1 provide/inject 使用方式

在选项式 API 中，provide 是一个对象，或者是一个返回对象的函数。对象中包含给后代传递的属性和属性值。inject 是一个字符串数组，或者是一个对象。属性值可以是一个对象，包含 from 和 default 默认值，from 表示在可用的注入内容中搜索指定的 key（字符串或 Symbol），意思就是祖父多层 provide 提供了很多数据，from 属性指定取哪一个 key；default 指定默认值。另外，选项式 API 不能实现数据双向绑定。

在组合式 API 中，provide 通过键值对传参，inject 通过键名取值。provide/inject 能实现双向数据绑定。

7.3.2 provide/inject 实例

例 8：One. vue 代码如下：

```
1. <template>
2.   <div id="one">
```

```
3.      <h4>根组件</h4>
4.      <p>提供ref数据:{{ num }}</p>
5.      <p>根组件响应式数据:<input type="text" v-model="num" /></p>
6.      <hr />
7.      <two></two>
8.    </div>
9. </template>
10. <script>
11. import { ref, provide } from "vue";
12. import two from "./two.vue";
13. export default {
14.   name: "one",
15.   components: { two },
16.   setup() {
17.     const num = ref(10);
18.     provide("num1", num);
19.     return {
20.       num,
21.     };
22.   },
23. };
24. </script>
```

Two.vue代码如下:

```
1. <template>
2.   <div id="two">
3.    <h4>子组件</h4>
4.    <p>提供reactive数据:{{userInfo.userName}}--{{userInfo.age}}</p>
5.    <hr>
6.      <three></three>
7.   </div>
8. </template>
9. <script>
10. import { provide, reactive } from 'vue';
11. import three from "./three.vue"
12. export default {
```

```
13.name: "two",
14.   components:{three},
15.   setup() {
16.     const userInfo = reactive({
17.         userName:"lwk",
18.         age:20
19.     })
20.     provide("user",userInfo)
21.     return{
22.         userInfo
23.     }
24.   },
25.};
26.</script>
```

Three. vue 代码如下：

```
1.<template>
2.   <div id="three">
3.     <h5>孙组件</h5>
4.     <p>来自根组件:{{ num2 }}</p>
5.     <p>来自父组件:{{ user.userName }}--{{ user.age }}</p>
6.     <p>孙组件响应式数据:<input type="text" v-model="num2" /></p>
7.   </div>
8.</template>
9.<script>
10.import { inject } from "vue";
11.export default {
12.   name: "three",
13.   setup() {
14.     const num2 = inject("num1");
15.     const user = inject("user");
16.     return {
17.       num2,
18.       user,
19.     };
20.   },
21.};
22.</script>
```

程序运行效果如图 7－9 所示。

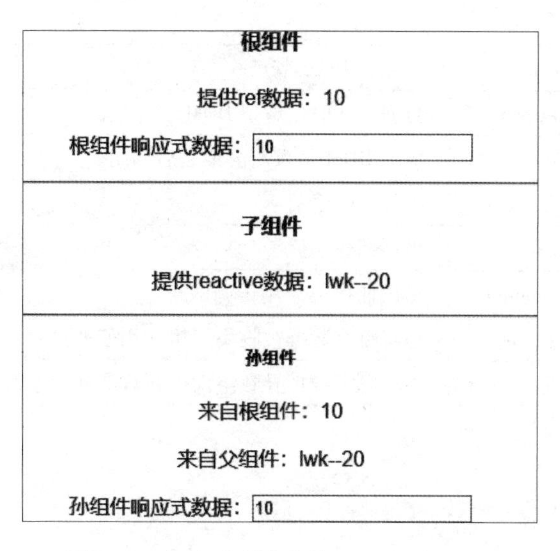

图 7－9　组合式 API 中的 provide 和 inject

7.4　组合式 API 生命周期

Vue 生命周期就是 Vue 实例从创建到消亡的过程。在这个过程中有不同的时期，开发者可以用对应的生命周期钩子函数在合适的时期上执行相应的代码。在组合式 API 中，组件同样有相对应的生命周期。

在组件中，通过 setup 函数来使用组合式 API。setup 函数是组合式 API 的入口函数，这些生命周期钩子注册函数只能在 setup() 期间同步使用，因为它们依赖于内部的全局状态来定位当前组件实例（正在调用 setup() 的组件实例），如果不在当前组件下调用这些函数，则会抛出错误。组件实例上下文也是在生命周期钩子同步执行期间设置的，因此，在卸载组件时，在生命周期钩子内部同步创建的侦听器和计算状态也将自动删除。

7.4.1　组合式 API 生命周期钩子函数

选项式 API 生命周期钩子函数与组合式 API 生命周期钩子函数的对应关系见表 7－1。

表 7－1　选项式 API 生命周期钩子函数与组合式 API 生命周期钩子函数对应关系

选项式 API	组合式 API	说明
beforeCreate	Not needed *	Vue 实例创建之前
created	Not needed *	Vue 实例创建完成
beforeMount	onBeforeMount	组件挂载之前

续表

选项式 API	组合式 API	说明
mounted	onMounted	挂载到 DOM 节点
beforeUpdate	onBeforeUpdate	数据更新时，虚拟 DOM 变化之前
updated	onUpdated	虚拟 DOM 被重新渲染之后调用
beforeUnmount	onBeforeUnmount	组件销毁之前
unmounted	onUnmounted	组件销毁之后
errorCaptured	onErrorCaptured	错误捕捉染（用于调试）
renderTracked	onRenderTracked	检查哪个数据被收集依赖（用于调试）
renderTriggered	onRenderTriggered	检查哪个数据导致组件重新渲染（用于调试）

7.4.2 组合式 API 生命周期钩子函数示例

例 9：组合式 API 生命周期钩子函数示例。

```
1.<template>
2.  <div>
3.    <p>{{ num }}</p>
4.    <button @click="num++">num++</button>
5.  </div>
6.</template>
7.
8.<script>
9.import {
10.  ref,onBeforeMount,onBeforeUnmount,onBeforeUpdate,
11.  onMounted,onUnmounted,onUpdated,onActivated,} from "vue";
12.export default {
13.  name: "Livelife",
14.  setup() {
15.    const num = ref(10);
16.    onBeforeMount(() =>{
17.      console.log("onBeforeMount");
18.    }),
19.      onMounted(() =>{
20.        console.log("onMounted");
21.      }),
```

```
22.      onBeforeUpdate(() =>{
23.        console.log("onBeforeUpdate");
24.      }),
25.      onUpdated(() =>{
26.        console.log(" onUpdated");
27.      }),
28.      onBeforeUnmount(() =>{
29.        console.log("onBeforeUnmount");
30.      });
31.    onUnmounted(() =>{
32.      console.log("onUnmounted");
33.    });
34.    onActivated(() =>{
35.      console.log("onActivated");
36.    });
37.    return { num };
38.  },
39.};
40.</script>
```

程序运行效果如图7-10所示。

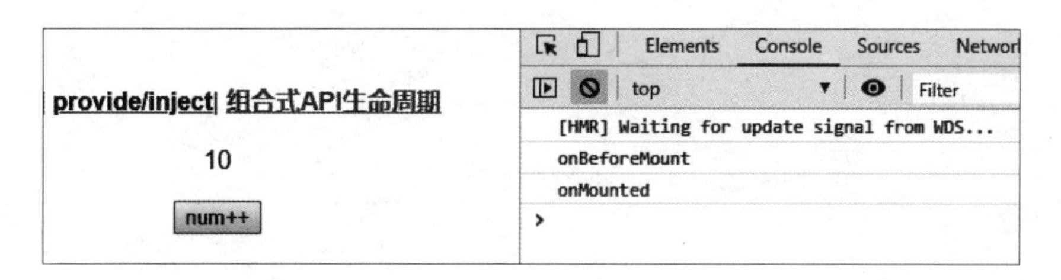

图7-10　组合式API生命周期函数

单击“num++”按钮，如图7-11所示。

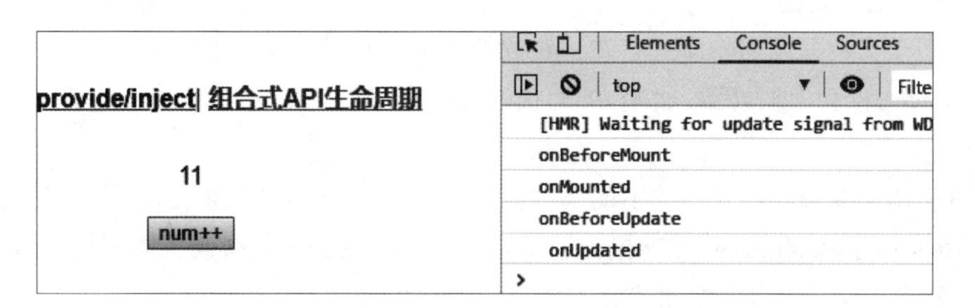

图7-11　改变数据后，组合式API生命周期函数

单击“provide/inject”路由，离开“组合式 API 生命周期”路由，如图 7－12 所示。

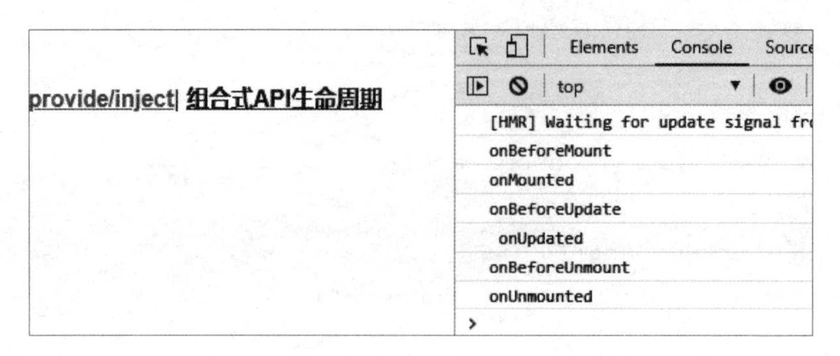

图 7－12　离开“组合式 API 生命周期”路由

习题与实践

一、选择题

1. 以下函数的执行顺序正确的是（　　）。

A. beforeCreate、created、setup、onMounted

B. setup、beforeCreate、created、onMounted

C. setup、onMounted、onBeforeMount、onUnmounted

D. setup、onBeforeMount、onMounted、onUnmounted

2. 以下代码能输出“5”的是（　　）。

```
setup() {
    const a =5;
    const b =ref(5);
    const c =ref({
      count: 5,
});
```

A. console. log(a);　　　　B. Console. log(b. value);

C. console. log(b);　　　　D. console. log(c. value. count);

3. 以下说法正确的是（　　）。

A. ref 用于为数据添加响应式状态，获取数据值的时候，需要加 . value

B. reactive 用于为对象添加响应式状态，获取数据值的时候，直接获取，不需要加 . value

C. toRef 用于为源响应式对象上的属性新建一个 ref，获取数据值的时候，需要加 . value

D. toRefs 用于将响应式对象转换为结果对象，获取数据值的时候，需要加 . value

4. 下列能实现父子组件之间传值的是（　　）。

A. props 和 $ emit　　　　B. provide/inject

C. $ parent/$ children　　　　　　　D. $ attrs/$ listeners

5. 以下说法正确的是（　　）。

A. 选项式 API 中 provide 和 inject 不能实现双向数据绑定

B. 组合式 API 中 provide 和 inject 能实现双向数据绑定

C. 在父组件中，通过 provide 提供数据，在子组件中，只能通过 inject 注入数据

D. 在父组件中，通过 provide 提供数据，在子组件及后代组件中，都可以通过 inject 注入数据

二、实践题

利用组合式 API 实现如图 7 – 13 所示功能。

全选 ☑	书名	出版日期	价格	数量	操作
☑	《计算机基础》	2015-9	35	+ 1 -	删除
☑	《单片机与传感器实战》	2016-8	45	+ 1 -	删除
☑	《响应式网页设计》	2017-9	49	+ 1 -	删除
☑	《微信小程序开发与运营》	2019-3	50	+ 1 -	删除

总价：￥179

图 7 – 13　购物车示例图

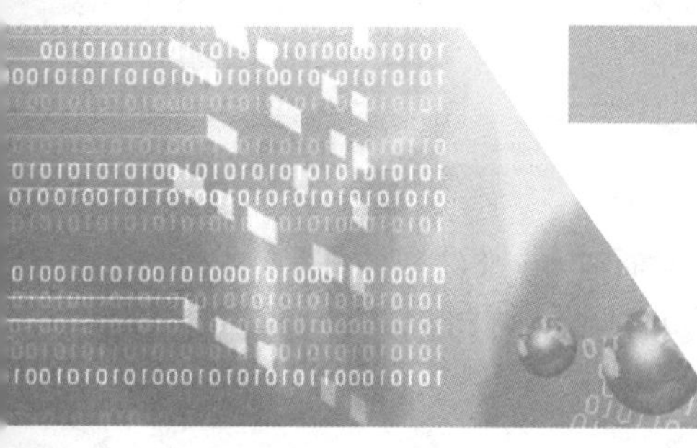

第8章 Vuex状态管理

Vuex 是一个专为 Vue. js 应用程序开发的状态管理模式。它可以集中管理所有组件的状态，一般应用在中大型单页应用中，可以粗略地理解为一个“非凡的全局对象”，用来解决不同组件之间的数据共享和数据持久化及响应式。

【学习目标】

- 了解状态管理模式
- 掌握 Vuex 的基本使用
- 掌握 Vuex 配置的选项

8.1 Vuex 概述

Vuex 是 Vue 团队专为 Vue. js 应用程序开发的状态管理模式。它采用集中式存储管理应用的所有组件的状态，并以相应的规则保证状态以一种可预测的方式发生变化。简单地说，Vuex 是实现组件全局状态（数据）管理的一种机制，可以方便地实现组件之间数据的共享。

8.1.1 状态管理模式

从软件设计的角度，就是以一种统一的约定和准则对全局共享状态数据进行管理和操作的设计理念。用户必须按照这种设计理念和架构来对其项目中处于共享状态的数据进行 CRUD。所以，“状态管理模式”就是软件设计的一种架构模式。

Vue 为了增强组件之间的独立性，采用单向数据流状态管理，如图 8－1 所示。

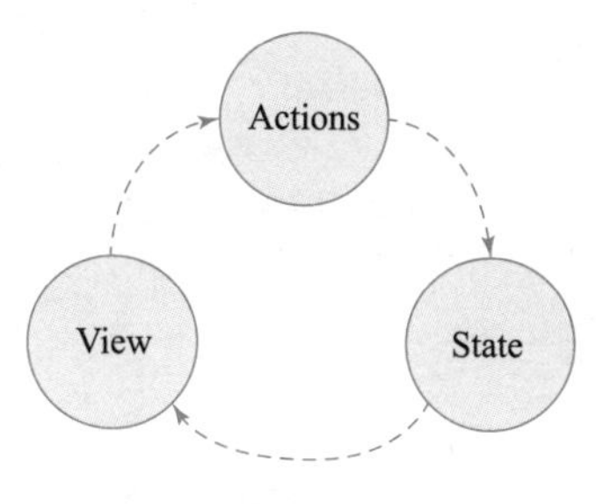

图 8－1 单向数据流关系

图 8－1 中，State 是驱动应用的数据源；View 是将 state 映射到视图；Actions 是在 View 上的输入导致的状态变化。

例 1：单向数据流示例。

```
1. <template>
2.   <div id="demo">
3.     <!--view-->
4.     <p>{{ count }}</p>
5.     <button @click="decrement">--</button>
6.     <button @click="increment">++</button>
7.   </div>
8. </template>
9.
10. <script>
11. export default {
12.   name: "demo1",
13.
14.   //state
15.   data() {
16.     return {
17.       count: 0,
18.     };
19.   },
20.   //actions
21.   methods: {
22.     increment() {
23.       this.count++;
24.     },
25.     decrement() {
26.       this.count--;
27.     },
28.   },
29. };
30. </script>
```

程序运行效果如图 8－2 所示。

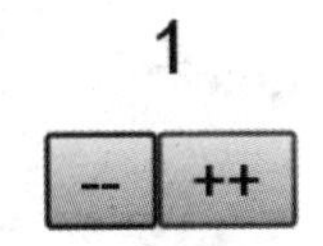

图 8－2　单向数据流示例

8.1.2 Vuex 数据状态管理

每一个 Vuex 应用的核心是 store（仓库），用它来定义应用中的数据及数据处理工具。由于 Vuex 的状态存储是响应式的，当 store 中的数据状态发生变化时，页面中的 store 数据也发生相应的变化。在这模式下，任何组件都能获取状态或触发行为，这就是所谓的 Vuex 数据状态管理。工作流程关系如图 8-3 所示。

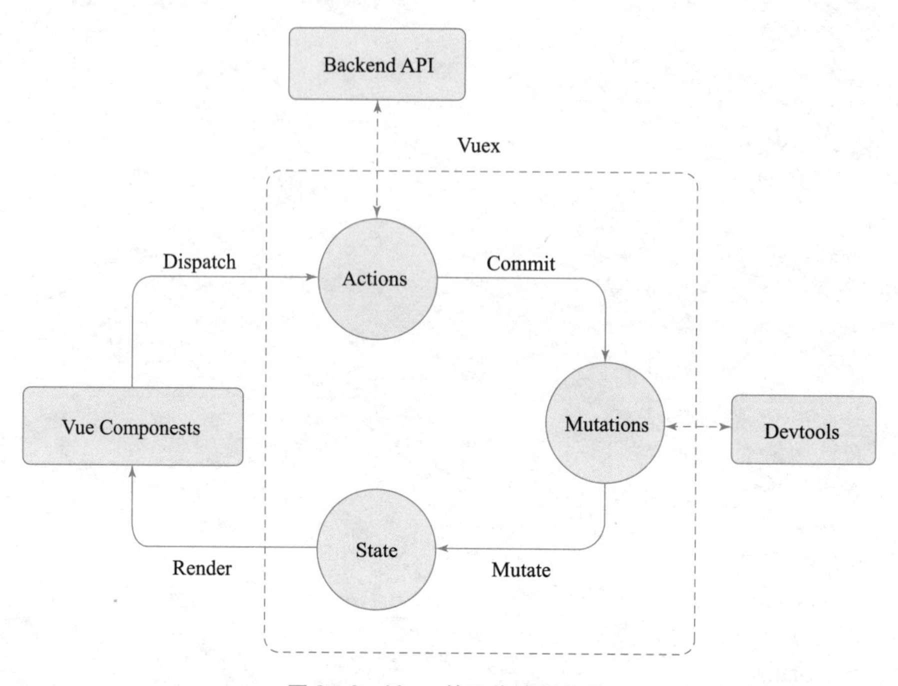

图 8-3　Vuex 的工作流程关系

在 Vuex 中，State 用来维护所有应用层的状态，并确保应用只有一个数据源；Vue Components 用来定义组件；Actions 中定义事件回调方法，通过 Dispatch 触发事件处理方法，例如，store. dispatch（事件处理方法）是异步处理；Mutations 通过 Commit 提交，例如，store. commit（事件处理方法）是同步处理；在提交 Mutations 时，Devtools 调试工具完成 Mutations 状态变化的跟踪。

例 2：Vuex 数据状态管理示例。

store 目录下的 index. js 文件中的代码如下：

```
1.import { createStore } from'vuex'
2.export default createStore({
3.  state: {
4.    count:0
5.  },
```

```
6.  mutations: {
7.    increment(state){
8.      state.count ++
9.    },
10.    decrement(state){
11.      state.count --
12.    }
13.  },
14.  actions: {
15.    add(context){
16.      context.commit('increment')
17.    },
18.    sub(context){
19.      context.commit('decrement')
20.    }
21.  },
22.  modules: {
23.  }
24.})
```

Demo2 组件中的代码如下：

```
1. <template>
2.   <div id="demo2">
3.     <p>{{ $store.state.count }}</p>
4.     <button @click="subCalc">--</button>
5.     <button @click="addCalc">++</button>
6.   </div>
7. </template>
8.
9. <script>
10. export default {
11.   name: "demo2",
12.   methods: {
13.     subCalc() {
14.       this.$store.dispatch("sub");
15.     },
16.     addCalc() {
```

```
17.        this. $ store.dispatch("add");
18.      },
19.    },
20.};
21.</script>
```

About. vue 组件中代码如下：

```
1.<template>
2.  <div class="about">
3.    <h1>This is an about page</h1>
4.    <p>{{ $ store.state.count}}</p>
5.  </div>
6.</template>
```

程序运行效果如图 8－4 所示。

Home | About| 单向数据流 | vuex数据流

2

－ ++

Home | About| 单向数据流 | vuex数据流

This is an about page

2

图 8－4　Vuex 数据状态管理示例

8.1.3　Vuex 基本使用

Vuex 通常在中大型项目中使用，因此采用 NPM 方式安装：

```
npm install  vuex  --save
```

安装完成后，通常在项目的 main. js 文件中增加如下代码：

```
Import store from'./store'//导入 store
createApp(App).use(store)
```

在项目中生成 store 目录及目录下的 index. js 文件。文件内容如下：

```
import { createStore } from'vuex'//导入 store 对象
export default createStore({
  state: {
  },
  mutations: {
  },
  actions: {
  },
  modules: {
  }
})
```

8.2 Vuex 中的配置选项

Vuex 中提供了 5 个重要的选项：State、Getters、Mutations、Actions 和 Modules。其中，State 存储项目中需要多组件共享的数据或状态；Getters 是从 State 派生出的状态，类似于 Vue 实例中的 Computed 选项；Mutations 存储更改 State 状态的方法，是 Vuex 中唯一修改 State 的方式，不支持异步操作，类似于 Vue 实例中的 Methods 选项；Actions 可以通过提交 Mutations 中的方法来改变状态，支持异步操作；Modules 是 Store 的子模块，内容相当于 Store 的一个实例。

8.2.1 State

State 提供了唯一的公共数据源，所有共享的数据都要统一放到 Store 的 State 中进行存储。

```
State:{
bookInfo:{
bookName:"Vue 从入门到实践",
price:68,
num:100
}
}
```

在组件中获取数据的方法有直接获取、使用计算属性和使用 mapState 辅助函数获取。

例 3：State 示例。

```
<template>
  <div id="state">
    <p>直接获取:{{ this. $ store.state.bookInfo.bookName }}</p>
    <p>计算属性获取:{{ bookName }}</p>
    <p>使用 mapState 辅助函数:{{ bookInfo.bookName }}</p>
  </div>
</template>
<script>
import { mapState } from "vuex";
export default {
  name: "state",
  computed: {
    bookName() {
      return this. $ store.state.bookInfo.bookName;
    },
    ...mapState(["bookInfo"]),
  },
};
</script>
```

8.2.2 Getters

Getters 相当于 Vue 中的 Computed 计算属性。Getters 的返回值会根据它的依赖值被缓存起来，当它的依赖值发生改变时，会自动重新计算。Getters 会接收 State 作为第一个参数。

例 4：Getters 示例。

在 Store 目录中的 index. js 文件中定义如下代码：

```
getters:{
    total(state){
        return  state.bookInfo.price * state.bookInfo.num
    }
  },
```

在 Getters 组件中，通过以下代码获取数据：

```
<template>
  <div id="getter">
    <p>getters:{{ this. $ store.getters.total }}</p>
```

```
    <p>computed:{{ totalCom }}</p>
    <p>mapGetters:{{ totalMap }}</p>
  </div>
</template>

<script>
import { mapGetters } from "vuex";
export default {
  name: "getter",
  computed: {
    ...mapGetters({
      totalCom: "total",
    }),
  },
};
</script>
```

程序运行效果如图 8－5 所示。

单向数据流 | **vuex数据流**| **state**| **getter**

getters：6800

computed:6800

mapGetters:6800

图 8－5　Getters 示例

8.2.3 Mutations

Mutations 是 Vuex 中修改 Store 状态的唯一方法，每个 Mutations 都有一个字符串事件类型和一个回调函数，通过回调函数可以实现状态更改，State 为第一个参数。

在 Mutations 中定义需要更改 State 状态的函数，然后在组件中应用 Commit 方法提交对应的 Mutations 函数，实现 State 状态更新。

例 5：Mutatinos 示例。

在 Store 目录中的 index. js 文件中定义如下代码：

```
mutations: {
    addMut(state,n){
```

```
        state.count + = n
      },
    subMut(state,n){
        state.count - = n
      }
    }
```

在 Mutations 组件中定义如下代码:

```
<template>
  <div id = "mutations" >
    <p>{{ this. $ store.state.count }}</p>
    <button @click = "subFun(5)" > -5 </button>
    <button @click = "addFun(5)" > +5 </button>
  </div>
</template>
<script>
import { mapMutations } from "vuex";
export default {
  name: "mutations",
  methods: {
  addFun(n) {
      this. $ store.commit("addMut",n);
    },
    //..mapMutations({
    //  subFun: "subMut", //subFun 映射 this. $ store.commit('subMut')
    //}),
    ...mapMutations(['subMut']),
    subFun(n){
      this.subMut(n)
    }
};
</script>
```

程序运行效果如图 8 -6 所示。

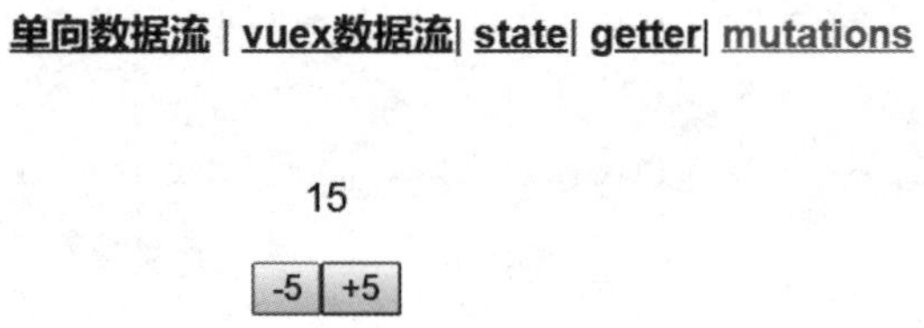

单向数据流 | vuex数据流| state| getter| mutations

15

-5 +5

图 8－6　Mutations 示例

8.2.4　Actions

Actions 与 Mutations 功能类似，不同之处在于：Actions 用于处理异步任务，如果通过异步操作变更数据，必须通过 Actions，而不能直接使用 Mutations，需要通过触发 Mutations 的方式间接变更数据。

例 6：Actions 示例。

在 Store 目录中的 index. js 文件中定义如下代码：

```
actions: {
    add(context){
      context.commit('increment')
    },
    sub(context){
      context.commit('decrement')
    },
    addAct(context,payload){
      setTimeout(function(){
        context.commit('addMut',payload)
      },2000)
    },
    subAct(context,payload){
      context.commit('subMut',payload)
    }
  }
```

在 Actions 组件中定义如下代码：

```
<template>
  <div id="actions">
    <p>{{ $store.state.count }}</p>
    <!-- <button @click="subFun"> --10 </button>
```

```
        <button @click="addFun " > ++10 </button > -- >
        <button @click="subFun(10)" > --n </button >
        <button @click="addFun(10)" > ++n </button >
      </div >
    </template >
    <script >
      import { mapActions } from 'vuex';
    export default {
      name: "actions",
      methods: {
      addFun() {
        this. $ store.dispatch("addAct", 10);
        },
        //  subFun() {
        //    this. $ store.dispatch("subAct",10);
        //  },
        ...mapActions({
    /* addFun: "addAct", 使用 mapActions 将 Actions 函数映射为当前组件的
methods 方法 */
          subFun: "subAct",
        }),
      },
    };
    </script >
```

程序运行效果图 8 -7 所示。

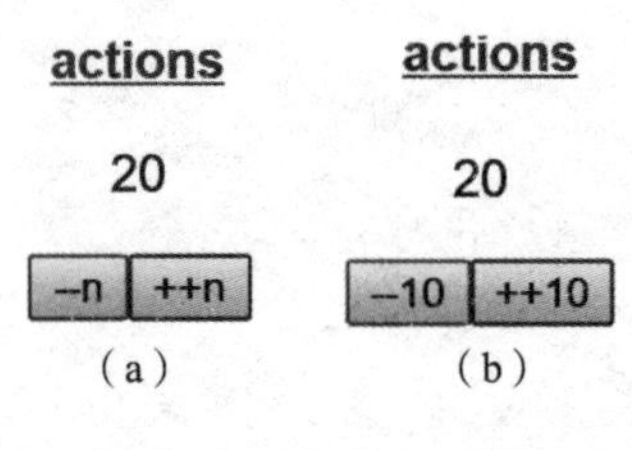

（a）　　（b）

图 8 -7　Actions 示例

8.2.5 Modules

在项目开发中，当页面组件存在多种状态时，使用单一状态树管理变得复杂多变。Vuex 提出了 Modules（模块化），每个模块拥有 State、Getters、Mutations 和 Actions 模块，模

块之中可以嵌套模块，每一级都有着相同的结构。

例 7：Modules 示例。

在 Store 目录中的 index. js 文件定义如下代码：

```
const modulesA = {
  state:() = >({
    name:"A - Tom",
    age:18
  }),
  getters:{},
  muations:{},
  actions:{}
}
const modulesB = {
  state:() = >({
    name:"B - Jack",
    age:20
  })
}
...
modules: {
    modulesA,
    modulesB
}
```

在 Modules 组件中定义如下代码：

```
<template >
  <div id = "modules" >
    <p >{{ this. $ store.state.modulesA.name }} </p >
    <p >{{ this. $ store.state.modulesB.age }} </p >
    <p >{{ this. $ store.state.modulesB.name }} </p >
    <p >{{ this. $ store.state.modulesA.age }} </p >
  </div >
</template >
<script >
export default {
  name: "modules",
};
</script >
```

程序运行效果如图 8 – 8 所示。

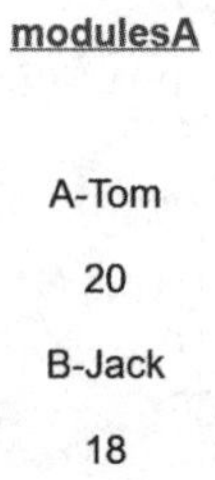

图 8 – 8　Modules 示例

习题与实践

一、选择题

1. 下列关于 Vuex 实例对象接口的说法，错误的是（　　）。

A. Vuex 实例对象提供了 Store 实例对象可操作方法

B. Vuex 实例对象的 State 数据可以由实例委托代理

C. 通过 Vuex 实例对象可以实现组件状态的管理和维护

D. Vuex 实例对象初始数据是 State 数据

2. 下列不属于 Vuex 中 Store 配置对象接收参数的是（　　）。

A. Data　　　　B. State

C. Mutations　　　　D. Getters

3. 下面关于 Vuex 中的 Actions 的说法，不正确的是（　　）。

A. Actions 中事件函数通过 Commit 完成分发

B. Acitons 中事件处理函数接收 Context 对象

C. Actions 与 Vue 实例中的 Methods 是类似的

D. 可以用来注入自定义选项的处理逻辑

4. 在 Vuex 的组成部分中，下列描述错误的是（　　）。

A. State 用于存储项目中需要共享的数据或状态

B. Getters 可以从 State 中派生出一些状态

C. Mutations 是 Vuex 中修改 State 的唯一方式，支持异步操作

D. Actions 可以通过提交 Mutations 中的方法来改变状态

5. 下列选项中，不是 Vuex 的组成部分的是（　　）。

A. Getters　　　　B. Setters

C. Mutations　　　　D. Actions

二、实践题

通过 Vuex 实现实现购物车功能，如图 8 – 9 所示。

全选 ☑	书名	出版日期	价格	数量	操作
☑	《计算机基础》	2015-9	35	+ 1 -	删除
☑	《单片机与传感器实战》	2016-8	45	+ 1 -	删除
☑	《响应式网页设计》	2017-9	49	+ 1 -	删除
☑	《微信小程序开发与运营》	2019-3	50	+ 1 -	删除

总价：¥179

图 8－9　购物车示例

第9章 综合案例开发1——万家水果APP

本章运用前面所学知识进行案例开发，内容包括 vue - cli 初始化项目目录、安装 Vant 插件、创建 router 对象及配置路由、在项目添加路由及 localStorage 的使用等。通过“万家水果 APP”案例学习 Vue 开发单页面应用。

【学习目标】

- 掌握项目的创建方法
- 了解项目的整体结构
- 掌握项目中代码的实现
- 掌握项目的打包及发布

9.1 项目前期准备工作

前面学习了 Vue 数据绑定、Vue 组件、Vue 路由、Vuex 及开发相关的基础知识，本章将利用所学知识进行一个小型案例开发，通过实践项目的学习，加深对 Vue 前端开发的认识。本章选用“万家水果 APP”前端案例，在这个案例中，所有数据均来自本地，不涉及服务器端及第三方数据，这样的好处是将更多的精力集中到前端开发上。项目共 5 个页面，分别是首页、商品页、购物车页、订单页及我的页，如图 9 - 1 ~ 图 9 - 5 所示。

图 9 - 1 万家水果 - 首页

图 9－2　万家水果－商品页

图 9－3　万家水果－购物车页

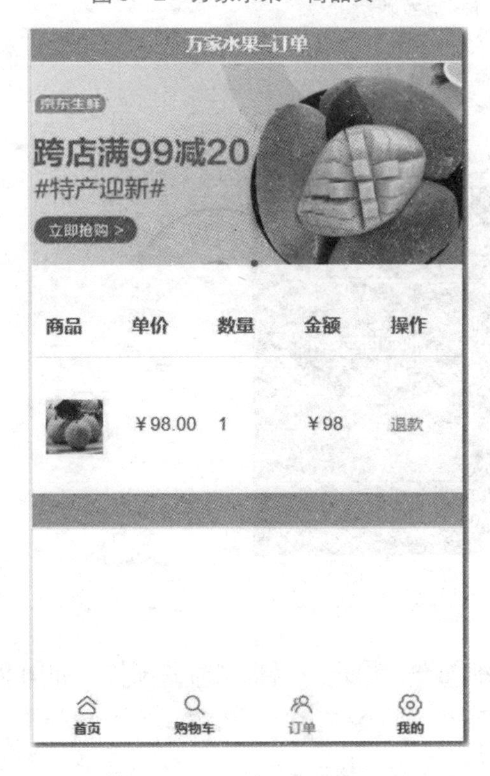

图 9－4　万家水果－订单页

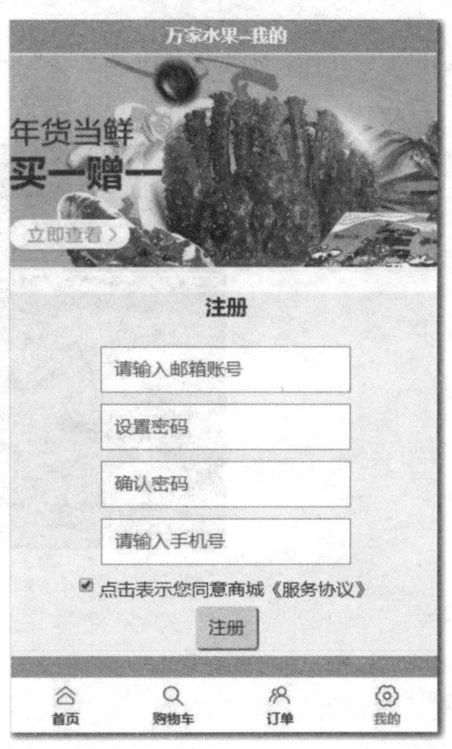

图 9－5　万家水果－我的页

9.1.1 项目创建及插件安装

打开命令行工具，切换到需要创建项目的路径，使用 vue create 命令创建项目，它会自动创建新的文件夹，根据选项配置所需文件、目录和依赖文件，实现快速创建项目。

例如，在 E:\vue\chat6 目录下创建 fresh 项目，命令如下：

```
E:\vue\chat6 >vue create fresh
```

①出现如图 9－6 所示界面，提示用户选取一个预设，用户可根据需要进行选择，此处选取手动配置，按 Enter 键。

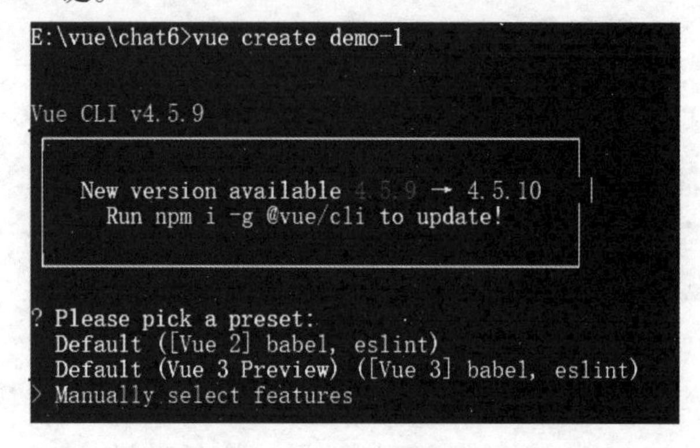

图 9－6 选择预设方式

②在图 9－7 中，根据项目需要进行选取。

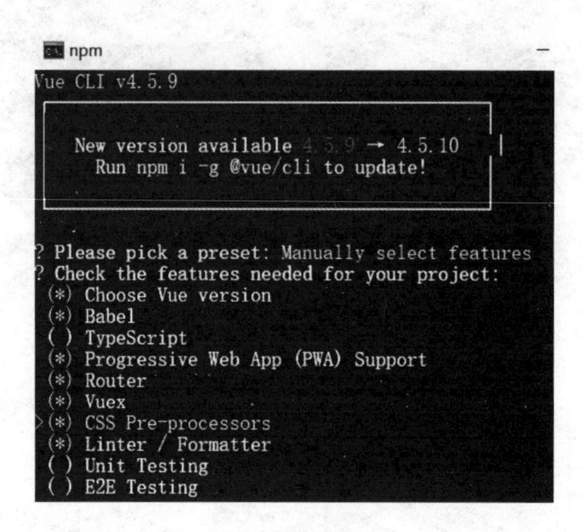

图 9－7 手动选择特性

③手动选择相关选项，程序会询问一些详细配置，用户可以根据需要配置，如图 9－8 所示。

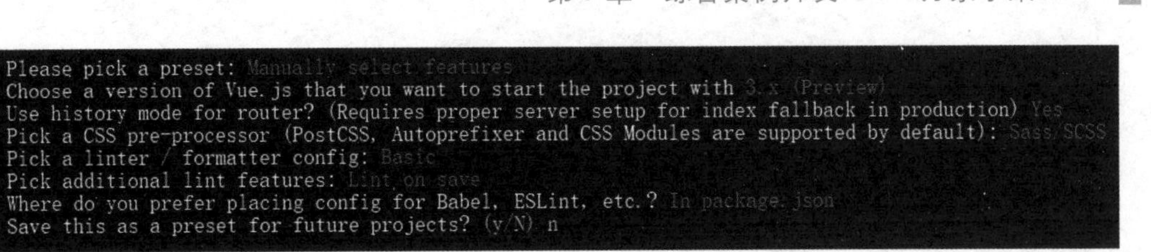

图 9－8　相关选项配置

④项目创建完成后，执行以下命令进入项目目录，并启动项目：

```
cdfresh
npm run serve
```

⑤若出现如图 9－9 所示界面，说明 Vue 项目创建成功。

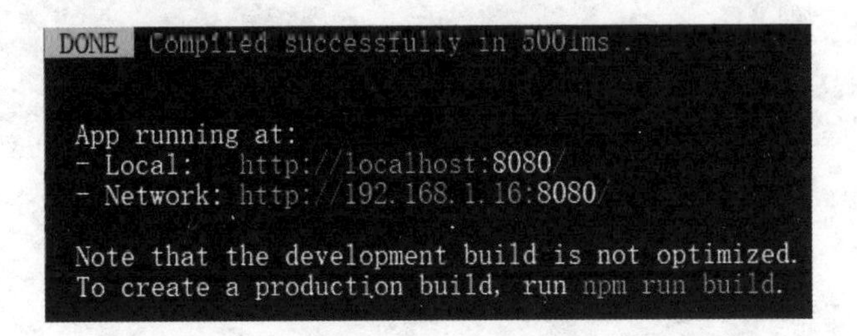

图 9－9　创建完成

⑥项目中为了搭出风格统一的页面，提升开发效率，需要安装 Vant 插件。在命令行执行以下命令：

```
npm i vant@next -S
```

⑦在浏览器中打开 http://localhost:8080，生成如图 9－10 所示页面。

图 9－10　Vue 项目初始页面

9.1.2 准备数据

常用网站 APP 分为前台和后台，前台用来展示商品、购买商品和订单处理，后台用来提供 API 接口。本项目由于简单，项目所需数据由前端提供，数据文件为 data. js，存放在项目的 src 目录下，内容如下：

```
export default {
    goods: [
    {
        name: 'orange',
            title:'四川爱媛橙子',
        text: '四川爱媛 38 号果冻橙 10 斤爱媛橙子新鲜水果当季时令应季甜橙现摘
手剥桔橙整箱桔橘子',
        address: '四川奉节',
        type: '包邮',
        price: '120.00',
        onlinePrice: '98.00',
        cover: require("@/assets/img/cz1.png"),
        poster: require("@/assets/img/cz2.png"),
        color: '#e8e8e8',
        images: [
            require("@/assets/img/cz1.png"),
            require("@/assets/img/cz2.png"),
            require("@/assets/img/cz3.png"),
            require("@/assets/img/cz4.png")
        ],
        thumbnails: [
          require("@/assets/img/cz1.png"),
          require("@/assets/img/cz2.png"),
          require("@/assets/img/cz3.png"),
          require("@/assets/img/cz4.png")
        ]
      },
    ...
  ]
  }
```

9.1.3　项目目录

根据项目功能，需要在 fresh\src\views 目录下创建 5 个页面组件文件，分别是首页（index. vue）、商品页（goods. vue）、购物车页（cart. vue）、订单页（order. vue）及我的页（about. vue）。需要在 fresh\src\components 目录下创建 3 个公共组件文件，分别是头部组件（header. vue）、轮播图组件（swiper. vue）及底部导航组件（footer. vue）。需要在 fresh\src\assets 目录，用于下创建 img 目录，用于存放项目图片文件。项目结构如图 9 - 11 所示。

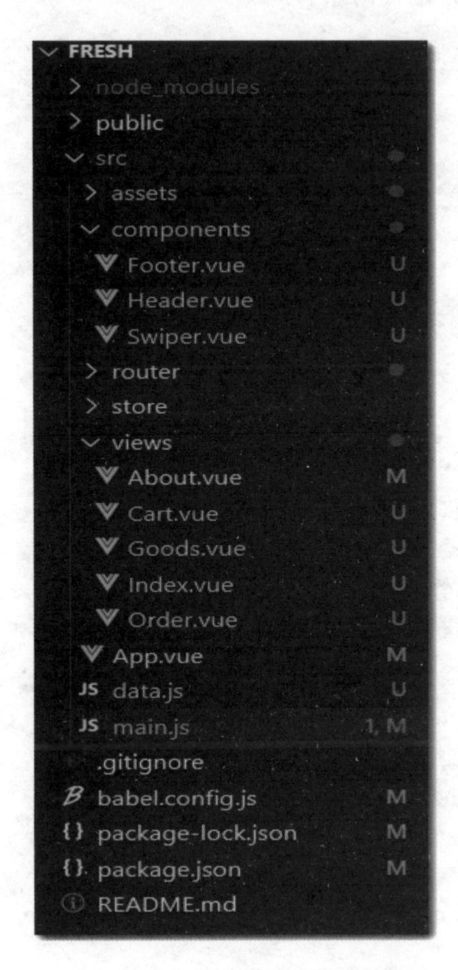

图 9 - 11　改造后的项目结构

9.2　公共组件的设计与制作

项目的 5 个页面中都包括头部、轮播图及导航，为了减少重复开发工作，提高工作效率，把头部、轮播图及导航制作为公共组件。

9.2.1 头部组件

头部组件用来显示当前页面的标题，如图 9－12 所示。

万家水果--首页

图 9－12　头部组件

头部组件（header. vue）的代码如下：

```
1. <template>
2.   <div id="header">
3.     <h4>万家水果--{{ $route.meta.title }}</h4>
4.   </div>
5. </template>
6. <script>
7.export default {
8.name:"Header"
9.};
10. </script>
11. <style>
12.#header {
13.   height: 30px;
14.   line-height: 30px;
15.   background-color: rgb(236, 165, 10);
16.   color: #fff;
17.   border-bottom: yellow 2px solid;
18.}
19. </style>
```

代码中第 3 行{{ $route. meta. title}} 来自 fresh\src\router\index. js 文件中的 routes 选项。

9.2.2 轮播图组件

轮播图通过丰富的动画效果，给浏览者提供视觉新鲜感，同时为提供方进行宣传。本项目的轮播图组件采用 Vant 组件实现，如图 9－13 所示。

图 9－13　轮播图组件

首先，在 main.js 文件中引入以下代码：

```
import 'vant/lib/index.css';
import { Swipe, SwipeItem } from 'vant';
createApp(App).use(Swipe).use(SwipeItem)
```

其次，在 fresh\src\components\swiper.vue 文件中编写以下代码：

```
1. <template>
2.   <div id="swiper">
3.     <van-swipe :autoplay="3000">
4.       <van-swipe-item v-for="(image, index) in images":key="
       index">
5.         <img :src="image" />
6.       </van-swipe-item>
7.     </van-swipe>
8.   </div>
9. </template>
10. <script>
11. export default {
12.   data() {
13.     return {
14.       images: [
15.         require("./assets/img/swiper1.png"),
16.         require("./assets/img/swiper2.png"),
17.         require("./assets/img/swiper3.png"),
18.         require("./assets/img/swiper4.png"),
19.       ],
20.     };
```

```
21.   },
22.};
23.</script>
24.<style>
25..swiper {
26.   width: 100%;
27.   border: 1px solid #ccc;
28.}
29.img {
30.   width: 100%;
31.}
32.</style>
```

9.2.3 导航组件

导航组件实现页面之前的跳转（路由），效果如图 9－14 所示。

图 9－14　导航组件

首先，在 main. js 文件中引入以下代码：

```
import {NavBar,Tabbar, TabbarItem } from 'vant';
createApp(App.use(NavBar).use(Tabbar).use(TabbarItem)
```

其次，在 fresh\src\components\footer. vue 文件中编写以下代码：

```
1.<template>
2.  <div id="header">
3.     <van-tabbar v-model="active">
4.        <van-tabbar-item name="home" icon="home-o">
5.           <router-link to="/index">首页</router-link></van-
          tabbar-item>
6.        <van-tabbar-item name="search" icon="search">
7. <router-link to="/cart">购物车</router-link></van-tabbar-
  item>
```

```
8.        <van-tabbar-item name="friends" icon="friends-o">
9.          <router-link to="/order">订单</router-link></van-
        tabbar-item>
10.       <van-tabbar-item name="setting" icon="setting-o">
11.         <router-link to="/about">我的</router-link>
12.</van-tabbar-item>
13.     </van-tabbar>
14.   </div>
15.</template>
16.<script>
17.export default {
18.  data() {
19.    return {
20.      active: "home",
21.    };
22.  },
23.};
24.</script>
25.
26.<style lang="scss" scoped>
27.
28.</style>
```

代码中的<router-link to=""></router-link>实现路由导航，to属性指向fresh\src\router\index.js文件中的routes选项。

9.3 main.js、app.vue及router/index.js项目文件

在初始化的Vue项目中，最先接触到的文件是main.js、app.vue、router/index.js，main.js是项目的入口文件，app.vue是主组件文件，router/index.js文件是路由存储文件，这3个文件是项目的基本文件，其他文件会依赖这些文件。

9.3.1 main.js

main.js文件是项目的入口文件，项目中所有的页面都会加载main.js，它的主要作用有：①实例化Vue；②放置项目中经常会用到的插件和CSS样式。例如，网络请求插件axios

和 vue - router、vant；③存储全局变量。

本项目中 main. js 的代码如下：

```
import { createApp } from 'vue'
import App from './App.vue'
import router from './router'
import store from './store'
import 'vant/lib/index.css';
import { Button } from 'vant';
import { Swipe, SwipeItem} from 'vant';
import {NavBar,Tabbar, TabbarItem } from 'vant';

createApp(App).use(store).use(router)
.use(Button).use(Swipe).use(SwipeItem)
.use(NavBar).use(Tabbar).use(TabbarItem)
.mount('#app')
```

9.3.2 app. vue

app. vue 文件是 Vue 项目的主组件，是页面入口文件，可以认为是网站首页，所有页面都是在 app. vue 下进行切换的，是整个项目的关键。app. vue 负责构建定义及页面组件汇总。

本项目中 app. vue 的代码如下：

```
1. <template>
2.   <div id="nav">
3.   <Header />
4.     <Swiper />
5.     <router-view />
6.     <Footer />
7.   </div>
8. </template>
9. <script>
10. //引入公共组件
11. import Header from "@/components/Header.vue";
12. import Swiper from "@/components/Swiper.vue";
13. import Footer from "@/components/Footer.vue";
14. export default {
```

```
15.   //注册组件
16.   components: {
17.     Header,
18.     Swiper,
19.     Footer,
20.   },
21.};
22.</script>
23.<style lang="scss">
24.#app {
25.   font-family: Avenir, Helvetica, Arial, sans-serif;
26.   -webkit-font-smoothing: antialiased;
27.   -moz-osx-font-smoothing: grayscale;
28.   text-align: center;
29.   color: #2c3e50;
30.}
31.  #nav {
32.   a {
33.     font-weight: bold;
34.     color: #2c3e50;
35.     &.router-link-exact-active {
36.       color: #42b983;
37.     }
38.   }
39.}
40.</style>
```

代码中分别引入了3个公共组件，<router-view/>用来显示路由信息。

9.3.3 router/index.js

vue-router用来实现Vue中页面之间的跳转（路由），主要包括route（一条路由）、routes（一组路由）、router（路由机制）、<router-link>（路由导航）及<router-view>（路由显示）。router/index.js文件用来定义router及routes。

本项目中index.js文件的代码如下：

```
1.import { createRouter, createWebHistory } from'vue-router'
2.const routes =[
3.  {
4.    path:'/',
5.    redirect:'/index'
6.  },
7.  {
8.    path:'/index',
9.    name:'Index',
10.    component:() => import('./views/Index.vue'),
11.    meta:{ title:'首页'}
12.  },
13.  {
14.    path:'/goods',
15.    name:'Goods',
16.    component:() => import('./views/Goods.vue'),
17.    meta:{ title:'商品'}
18.  },
19.  {
20.    path:'/cart',
21.    name:'Cart',
22.    component:() => import('./views/Cart.vue'),
23.    meta:{ title:'购物车'}
24.  },
25.  {
26.    path:'/order',
27.    name:'Order',
28.    component:() => import('./views/Order.vue'),
29.    meta:{ title:'订单'}
30.  },
31.  {
32.    path:'/about',
33.    name:'About',
34.    component:() => import('./views/About.vue'),
35.    meta:{ title:'我的'}
36.  }
37.
38.]
```

```
39.const router = createRouter({
40.   history: createWebHistory(process.env.BASE_URL),
41.   routes
42.})
43.export default router
```

9.4 首页组件（index. vue）

首页组件主要用来展示商品简要信息，方便用户选择商品，如图 9 - 15 所示。

图 9 - 15　首页组件

首页组件 index. vue 的文件代码如下：

```
1. <template>
2.   <div id="index">
3.     <li v-for="(item, index) in goods" :key="index" @click="
      goodsPage(item)">
4.       <img :src="item.cover" />
5.       <p>{{ item.title }}</p>
6.       <p>
7.         原价:<span class="price">{{ item.price }} </span><br />
8.         爱心价:<span class="onlinePrice">{{ item.onlinePrice }}</
         span>
9.       </p>
10.     </li>
11.   </div>
12. </template>
```

```
13.
14. < script >
15. import data from "@/data";
16. export default {
17.   computed: {
18.     goods() {
19.       return data.goods;
20.     },
21.   },
22.   methods: {
23.     goodsPage(item) {
24.       this.$router.push({ path: "goods", query: { name: item.name }
          });
25.     },
26.   },
27. };
28. </script >
29. < style scoped >
30. #index {
31.   display: flex;
32.   flex-wrap: wrap;
33. }
34. li {
35.   justify-content: space-around;
36.   padding: 2px;
37.   box-sizing: border-box;
38.   width: 50%;
39.   list-style: none;
40.   border: 2px solid #ccc;
41.   border-radius: 5px;
42.   margin-bottom: 2px;
43. }
44. li img {
45.   height: 156px;
46. }
47. .price {
```

```
48.   color: #ccc;
49.   text-decoration: line-through;
50.}
51..onlinePrice {
52.   color: red;
53.}
54.</style>
```

代码中的第 2 ~ 11 行通过 v - for 展示商品图片、商品名称、商品价格，数据来自本地数据文件 data. js；第 15 行引入本地数据文件 data. js；第 17 ~ 20 行通过计算属性获取商品信息 goods；第 20 ~ 26 行通过 goodsPage(item) 方法跳转到商品页。

9.5 商品页组件（goods. vue）

从首页中单击需要的商品，进入商品页。商品页组件分为上、下两部分，上半部分为商品图片，如图 9 - 16 所示；下半部分展示商品信息、“立即购买”及“加入购物车”按钮，如图 9 - 17 所示。

图 9 – 16　商品页组件上半部分

图 9 – 17　商品页组件下半部分

9.5.1 商品页组件（goods.vue）结构代码

```
1. <template>
2.   <div class="container">
3. <!--上半部分-->
4.     <div class="up">
5.       <div class="actor">
6.         <img :src="actorC" />
7.       </div>
8.       <ul class="thumbnail-list">
9.         <li
10.          class="thumbnail-item"
11.          v-for="(thumbnail, index) in thumbnails"
12.          :key="index"
13.          @click="toggleActor(index)"
14.        >
15.          <img class="thumbnail" :src="thumbnail" />
16.        </li>
17.      </ul>
18. </div>
19. <!--下半部分-->
20.     <div class="down">
21.       <h2>{{ item.text }}</h2>
22.       <div class="banner-price">
23.         <p class="params-item">
24.           <span class="params-label">价格</span>
25.           <span class="price-delete">¥{{ item.price }}</span>
26.         </p>
27.         <p class="params-item">
28.           <span class="params-label">促销价</span>
29.           <span class="price-strong">¥{{ item.onlinePrice }}</
          span>
30.         </p>
31.         <p class="params-item">
```

```
32.            < span class = " params - label " > 发货地 </ span > {{ i-
            tem.address }}
33.            <br />
34.            < span class = " params - label " > 快递方式 </ span > {{ i-
            tem.type }}
35.          </p>
36.        </div>
37.
38.        <div class = "banner - operate" >
39.          <span class = "btn - operate btn - buy" @click = "addInOrder" >
          立即购买 </span>
40.          <p></p>
41.          <span class = "btn - operate btn - cart" @click = "addInCart" >
42.            <i class = "fa fa - shopping - cart" ></i>
43.             加入购物车
44.          </span>
45.        </div>
46.        <br />
47.        <div class = "banner - state" >
48.          <p>
49.            <span class = "params - label" >服务承诺 </span>
50.            <span class = "params - label deep - gray" >正品保证 </span>
51.            <span class = "params - label deep - gray" >极速退款 </span>
52.            <span class = "params - label deep - gray" >赠运费险 </span>
53.          </p>
54.        </div>
55.      </div>
56.    </div>
57. </template>
```

结构代码中，第5～7行用来显示大图，第8～17行用来显示缩略图，单击缩略图可以切换到大图。单击“立即购买”按钮切换至订单页面，单击“加入购物车”按钮切换至购物车页面。

9.5.2　商品页组件（goods. vue）逻辑代码

商品页组件中的逻辑代码如下：

```
1. <script>
2.import data from "@/data.js";
3.export default {
4.  name: "Goods",
5.  data() {
6.    return {
7.      actorIndex: 0,//初始缩略图
8.      quantity: 1, //初始数据
9.      cart: [],    //购物车
10.      order: [],    //订单
11.    };
12.  },
13.  mounted() {
14.    this.getStore();
15.  },
16.  computed: {
17.    //查看的商品
18.    item() {
19.      return data.goods.find((item) => item.name === this.$
       route.query.name);
20.},
21.//缩略图
22.    thumbnails() {
23.      return this.item.thumbnails;
24.},
25.//商品图片
26.    actorC() {
27.      return this.item.images[this.actorIndex];
28.    },
29.    result() {
30.      return {
31.        title: this.item.title,
32.        cover: this.item.cover,
33.        text: this.item.text,
34.        type: this.item.type,
35.        price: this.item.onlinePrice,
```

```
36.         quantity: this.quantity,
37.       };
38.     },
39.   },
40.   methods: {
41.     //读取本地存储购物车商品
42.     getStore() {
43.       let gsStore = window.localStorage.getItem("gsStore");
44.       if (gsStore) {
45.         gsStore = JSON.parse(gsStore);
46.         this.cart = gsStore.cart || [];
47.         this.order = gsStore.order || [];
48.       }
49. },
50. //设置本地存储购物车
51.     setStore() {
52.       let gsStore = {
53.         cart: this.cart,
54.         order: this.order,
55.       };
56.       window.localStorage.setItem( "gsStore", JSON.stringify( gsS-
        tore));
57. },
58. //改变缩略图
59.     toggleActor(index) {
60.       this.actorIndex = index;
61. },
62. //检查数量
63.     checkQuantity() {
64.       if (this.quantity < 1 || isNaN(this.quantity)) {
65.         this.quantity = 1;
66.       }
67. },
68. //添加到购物车
69.     addInCart() {
70.       this.cart.push(this.result);
71.       this.setStore();
72. },
```

```
73.
74.//添加到订单
75.    addInOrder() {
76.      this.order.push(this.result);
77.      this.setStore();
78.    },
79.  },
80.};
81.</script>
```

首先通过 getStore() 方法实现读取本地存储 window. localStorage. getItem(gsStore) 中的数据并加入 mounted 生命周期钩子函数。由于本地存储中保存的是字符串，所以读取时，需要用 JSON. parse() 转换为对象。写入时，需要用 JSON. stringify() 把对象转换为字符串。setStore() 方法实现写入本地存储中：window. localStorage. setItem("gsStore", JSON. stringify (gsStore))。

计算属性 item() 计算选定商品，thumbnails() 属性计算选定商品的缩略图，actorC() 属性计算当前选定的缩略图，result() 属性计算选定商品的相关属性。

toggleActor() 方法改变缩略图，addInCart() 方法实现加入购物车功能，addInOrder() 方法实现立即购买功能。

9.6 购物车组件（cart. vue）

购物车组件用来展示已选购的商品，可以添加或减少购买数据，同时，页面中可以实现结算或删除功能，如图 9－18 所示。

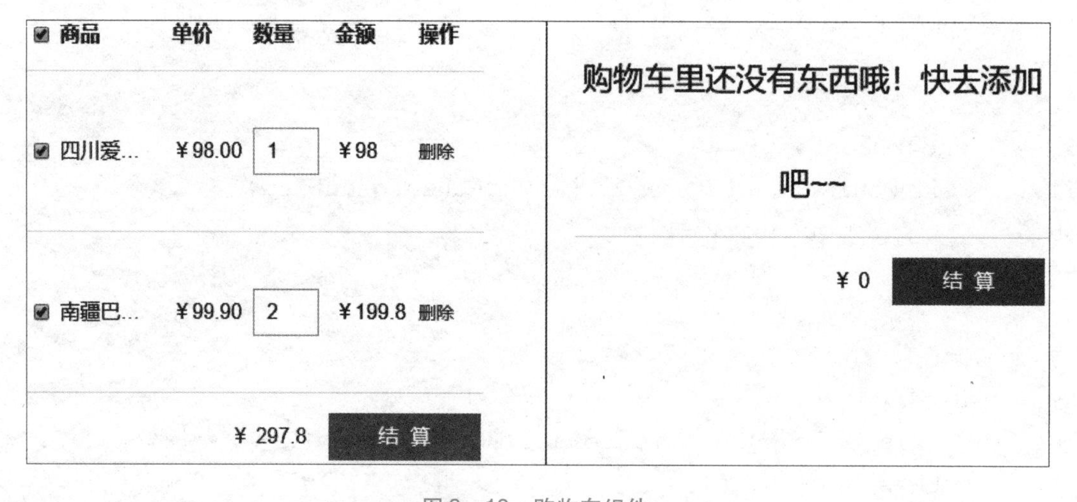

图 9－18　购物车组件

9.6.1 购物车组件（cart. vue）结构代码

```
1. <template>
2.   <div class="content">
3.     <table class="table-goods" v-if="cart.length">
4.       <thead>
5.         <tr>
6.           <th class="col01">
7.             <input
8.               type="checkbox"
9.               class="checkbox"
10.              v-model="isAllChecked"
11.              @change="onAllCheckChanged"
12.            /> 商品 </th>
13.          <th class="col02">单价</th>
14.          <th class="col03">数量</th>
15.          <th class="col04">金额</th>
16.          <th class="col05">操作</th>
17.        </tr>
18.      </thead>
19.      <tbody>
20.        <tr v-for="(item, index) in cart" :key="index">
21.          <td class="col01 one-line" :title="item.text">
22.            <input
23.              type="checkbox"
24.              class="checkbox"
25.              v-model="checkedArray[index]"
26.              @change="onCheckChanged"
27.            />
28.            {{ item.title }}
29.          </td>
30.          <td class="col02">￥{{ item.price }}</td>
31.          <td class="col03">
32.            <input
33.              class="ipt-quantity"
```

```
34.             type = "number"
35.             v-model = "item.quantity"
36.             @change = "toggleQuantity"
37.             min = "1"
38.           />
39.         </td>
40.         <td class = "col04" > ¥{{ item.price * item.quantity }}</
         td>
41.         <td class = "col05" >
42.           <span class = "btn-text" @click = "drop(index)" >删除</
           span>
43.         </td>
44.       </tr>
45.     </tbody>
46.   </table>
47.   <div class = "placeholder" v-else>购物车里还没有东西哦！快去添加
      吧~~</div>
48.   <div class = "banner-pay" >
49.     <span ref = "cartNum" > </span>
50.     <span > ¥ {{ getTotalPrice() }}</span
51.     >     <span class = "btn-pay" @click = "
      payAll"
52.       >结   算</span
53.     >
54.   </div>
55. </div>
56. </template>
```

结构中，通过 v-if 和 v-else 指令实现已购物或未购物的展示。通过“复选框”实现是否结算，通过“数字框”改变商品数量，通过“删除”按钮取消已选购商品，通过“结算”把选购商品加入订单中。

9.6.2 购物车组件（cart. vue）逻辑代码

```
1. <script>
2. export default {
3.   name: "Cart",
```

```
4.  data() {
5.    return {
6.      isAllChecked: false,
7.      checkedArray: [],
8.      cart: [],
9.      order: [],
10.     };
11.   },
12.   mounted() {
13.     this. $ nextTick(function () {
14.       this.getStore();
15.     });
16.   },
17.   methods: {
18.//读取本地存储
19.     getStore() {
20.       let gsStore = window.localStorage.getItem("gsStore");
21.       if (gsStore) {
22.         gsStore = JSON.parse(gsStore);
23.         this.cart = gsStore.cart ||[];
24.         this.order = gsStore.order ||[];
25.       }
26.},
27.//设置本地存储
28.     setStore() {
29.       let gsStore = {
30.         cart: this.cart,
31.         order: this.order,
32.       };
33.       window.localStorage.setItem( "gsStore", JSON.stringify(gsS-
        tore));
34.     },
35.//计算总价
36.     getTotalPrice() {
37.       let  balance  =  this.cart.filter  (( item,  index )  =  >
        this.checkedArray[index]);
```

```
38.        return balance.reduce((sum, item) = > sum + item.price * i-
           tem.quantity, 0);
39.},
40.//复选框改变
41.      onCheckChanged() {
42.        this.checkedArray.every ((item)  = >  item) && (this.isAll
           Checked = true);
43.        this.checkedArray.some((item)  = > ! item) && (this.isAll
           Checked = false);
44.},
45.//全选与取消
46.      onAllCheckChanged() {
47.        this.checkedArray.fill(this.isAllChecked);
48.},
49.//数量统计
50.      toggleQuantity() {
51.        this.setStore();
52.},
53.//结算
54.      payAll() {
55.        let inCart = [];
56.        this.checkedArray.forEach((item, index) => {
57.          item
58.            ? this.order.push(this.cart[index])
59.            : inCart.push(this.cart[index]);
60.        });
61.        this.cart = inCart;
62.        this.setCheckedArray();
63.        this.setStore();
64.      },
65.    },
66.};
67.< /script >
```

代码中，mounted 生命周期钩子函数调用 getStore( ) 计算属性加载已选购的商品，调用 setCheckedArray( ) 计算属性设置未选定/已选定的商品。

方法 onCheckChanged( ) 实现已选购商品是否结算，方法 onAllCheckChanged( ) 实现已

选商品全部选定或取消，方法 getTotalPrice() 实现要结算商品的费用，方法 drop(index) 取消已选购的商品，方法 payAll() 实现结算并把已结算商品添加至已购订单中。

9.7 订单组件（order. vue）

订单组件用来展示已付款的订单信息或提示无订单，如图 9-19 所示。

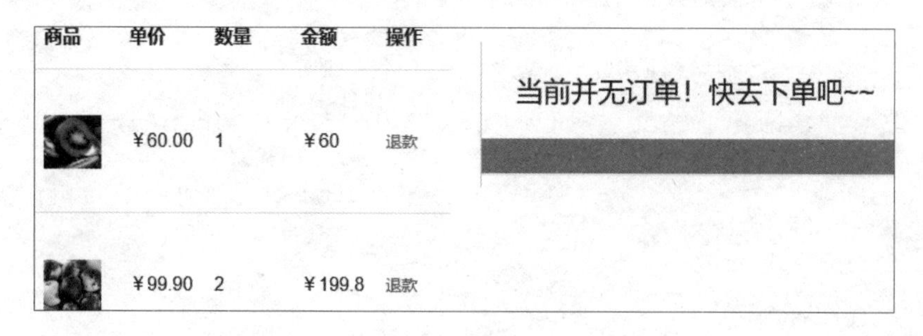

图 9-19　订单组件

9.7.1 订单组件（order. vue）结构代码

```
1. <template>
2.   <div class="content">
3.     <table class="table-goods" v-if="order.length">
4.       <thead>
5.         <tr>
6.           <th class="col01">商品</th>
7.           <th class="col02">单价</th>
8.           <th class="col03">数量</th>
9.           <th class="col04">金额</th>
10.           <th class="col05">操作</th>
11.         </tr>
12.       </thead>
13.       <tbody>
14.         <tr v-for="(item, index) in order" :key="index">
15.           <td class="col01 one-line" :title="item.text">
16.             <img
17.               class="thumbnail-goods"
```

```
18.              :src = "item.cover"
19.              style = "width: 50px"
20.            / >  
21.          < /td >
22.          < td class = "col02" > ¥{{ item.price }} < /td >
23.          < td class = "col03" > {{ item.quantity }} < /td >
24.          < td class = "col04" > ¥{{ item.price * item.quantity }} < /
         td >
25.          < td class = "col05" >
26.            < span class = "btn - text" @click = "drop(index)" > 退款 < /
             span >
27.          < /td >
28.        < /tr >
29.      < /tbody >
30.    < /table >
31.    < div class = "placeholder" v - else > 当前并无订单! 快去下单吧 ~ ~ < /
       div >
32.  < /div >
33. < /template >
```

结构中，通过 v - if 和 v - else 指令实现订单或当前无订单的展示。通过“退款”按钮实现退款功能。

9.7.2 订单组件（order. vue）逻辑代码

```
1. < script >
2. export default {
3.   name: "Order",
4.   data() {
5.     return {
6.       order: [],
7.       cart: [],
8.     };
9.   },
10.   mounted() {
11.     this. $ nextTick(function () {
```

```
12.       this.getStore();
13.     });
14.   },
15.   methods: {
16. //获取本地存储
17.     getStore() {
18.       let gsStore = window.localStorage.getItem("gsStore");
19.       if (gsStore) {
20.         gsStore = JSON.parse(gsStore);
21.         this.cart = gsStore.cart || [];
22.         this.order = gsStore.order || [];
23.       }
24. },
25. //设置本地存储
26.     setStore() {
27.       let gsStore = {
28.         cart: this.cart,
29.         order: this.order,
30.       };
31.       window.localStorage.setItem("gsStore", JSON.stringify(gsS-
        tore));
32. },
33. //退款
34.     drop(index) {
35.       this.order.splice(index, 1);
36.       this.setStore();
37.     },
38.   },
39. };
40. </script>
```

代码中，通过 drop( ) 方法实现退款和删除订单功能。

9.8 我的组件（about. vue）

我的组件实现带校验功能的注册表单，如图 9 – 20 所示。

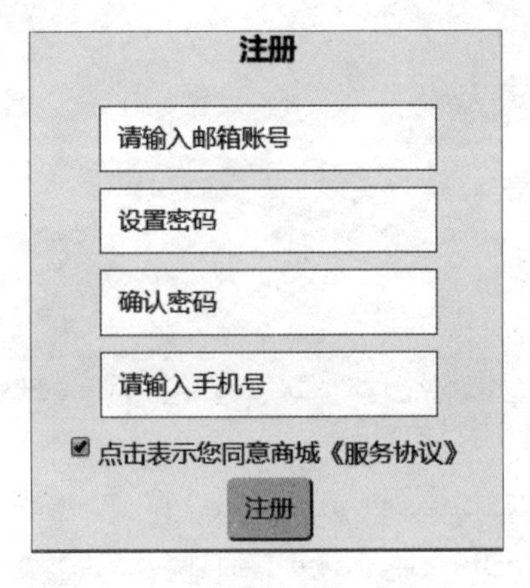

图 9－20　我的组件

9.8.1　我的组件（about. vue）结构代码

```
<template>
  <div>
    <div class="login-box">
      <h3 class="title">注册</h3>
      <form method="post">
        <div class="user-email">
      <input type="email" v-model="email" id="email" placeholder
="请输入邮箱账号"/>
        </div>
        <div class="user-pass">
  <input type="password" v-model="password" id="password" place-
holder="设置密码"/>
        </div>
        <div class="user-pass">
          <input type="password" v-model="passwordRepeat"id="pass-
wordRepeat"placeholder="确认密码" />
        </div>
        <div class="user-pass">
      <input type="text"v-model="tel"id="tel"placeholder="请输入
手机号"/>
        </div>
```

```
      </form>
      <div class="login-links">
        <label for="reader-me">
          <input id="reader-me" type="checkbox" v-model="checked" />
          单击表示您同意商城《服务协议》
        </label>
      </div>
      <div class=reg>
        <input class = "regBtn" type = " submit " name = "" :disabled = "!
checked"@click="verify"value="注册" />
      </div>
    </div>
  </div>
</template>
```

组件中，通过文本框、密码框、邮件框及复选框实现结构。通过“注册”按钮实现注册功能。

9.8.2　我的组件（about.vue）逻辑代码

```
1.<script>
2.export default {
3.  name: "About",
4.  data: function () {
5.    return {
6.      checked: true, //是否同意注册协议复选框
7.      email: "", //电子邮箱
8.      password: "", //密码
9.      passwordRepeat: "", //确认密码
10.      tel: "", //手机号
11.    };
12.  },
13.  methods: {
14.verify: function () {
15.      //获取表单对象
16.      var email=this.email;
17.      var password=this.password;
18.      var passwordRepeat=this.passwordRepeat;
```

```
19.         var tel = this.tel;
20.         //验证表单元素是否为空
21.         if (email === "" ||email === null) {
22.           alert("邮箱不能为空!");
23.           return;
24.         }
25.         if (password === "" ||password === null) {
26.           alert("密码不能为空!");
27.           return;
28.         }
29.         if (passwordRepeat === "" ||passwordRepeat === null) {
30.           alert("确认密码不能为空!");
31.           return;
32.         }
33.         if (tel === "" ||tel === null) {
34.           alert("手机号码不能为空!");
35.           return;
36.         }
37.         if (password != = passwordRepeat) {
38.           alert("密码设置前后不一致!");
39.           return;
40.         }
41.         //验证邮件格式
42.         var apos = email.indexOf("@");
43.         var dotpos = email.lastIndexOf(".");
44.         if (apos < 1 ||dotpos - apos < 2) {
45.           alert("邮箱格式错误!");
46.           return;
47.         }
48.         //验证手机号格式
49. if(!(/^1[3|4|5|7|8]\d{9}$/.test(tel))){
50.           alert("手机号码有误,请重填");
51.           return false;
52.     }
53.         alert("注册成功!");
54.         this.$router.push({ name: "Index" }); //跳转到主页
```

```
55.     },
56.   },
57.};
58.</script>
```

代码中，首先使用 mr_verify() 方法进行校验，校验通过后跳转至首页。如果校验不成功，则提示相关信息。

9.9 项目的打包与发布

当使用 vue - cli 脚手架完成一个项目的时候，下一步是如何把这个项目放到互联网上或者本地直接打开。在本地调试的时候，只要在命令行中执行“npm run dev”命令就可以运行这个项目。如果要发布到互联网或本地，需要用“npm run build”命令打包。首先在 fresh 目录下创建配置文件 vue. config. js，在该文件中编写如下配置信息：

```
module.exports = {
    publicPath: "./",
    assetsDir: "static",
    outputDir:'dist',
}
```

其次，在项目目录下执行“npm run build”命令，当出现如图 9 - 21 所示界面时，说明打包成功。

```
File                                             Size          Gzipped

dist\static\js\chunk-vendors.a19c9947.js         143.20 KiB    50.99 KiB
dist\static\js\chunk-477ac56a.88c38ff7.js        9.34 KiB      3.44 KiB
dist\static\js\chunk-73a0804e.3082d12d.js        7.79 KiB      3.12 KiB
dist\static\js\app.b98f1455.js                   7.62 KiB      2.94 KiB
dist\static\js\chunk-94c99a96.808e7f26.js        4.04 KiB      1.68 KiB
dist\static\js\chunk-1cc280c8.c568f3de.js        3.67 KiB      1.68 KiB
dist\static\js\chunk-c72861ce.b44ebcf9.js        3.44 KiB      1.49 KiB
dist\static\css\chunk-vendors.e0746e12.css       134.60 KiB    40.63 KiB
dist\static\css\chunk-477ac56a.4e8a5629.css      1.55 KiB      0.58 KiB
dist\static\css\chunk-73a0804e.4c2bf10e.css      1.47 KiB      0.55 KiB
dist\static\css\chunk-1cc280c8.3b042275.css      0.89 KiB      0.39 KiB
dist\static\css\app.7866261b.css                 0.38 KiB      0.26 KiB
dist\static\css\chunk-94c99a96.f70c6aad.css      0.35 KiB      0.23 KiB
dist\static\css\chunk-c72861ce.68af0e9c.css      0.25 KiB      0.18 KiB

Images and other types of assets omitted.

DONE  Build complete. The dist directory is ready to be deployed.
```

图 9 - 21　vue - cli 打包

打包完成后，在项目根目录下生成 dist 文件夹，dist 文件夹下包括打包后生成的文件，如图 9 - 22 所示。

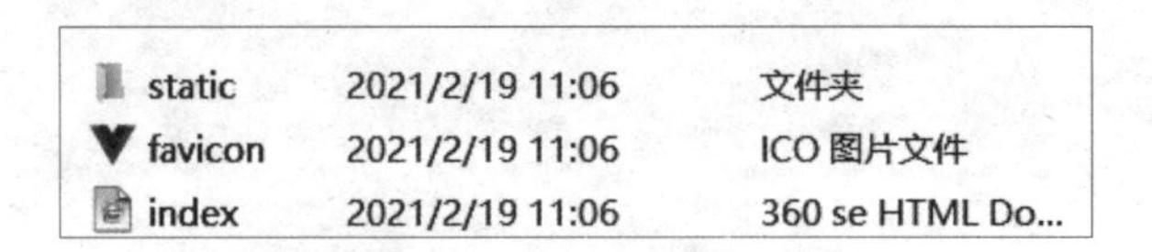

图 9-22　项目打包后生成的文件

在本地安装 WampServer 软件，安装成功后，把生成的文件复制到 www 目录，启动服务器，在浏览器地址栏中输入“localhost”即可运行，如图 9-23 所示。

图 9-23　本地项目运行

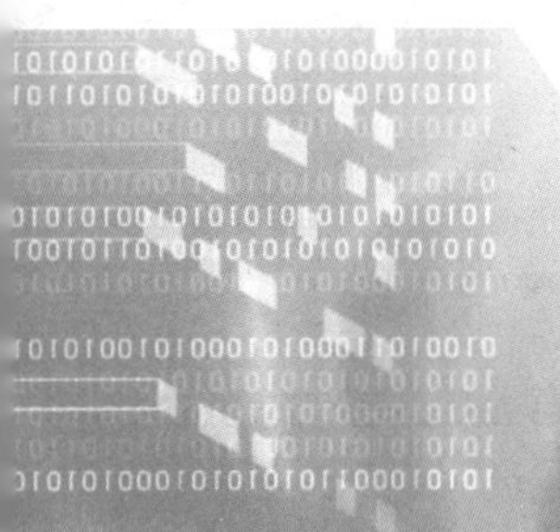

第10章 综合案例开发2——个人博客

本章将介绍个人博客项目，它是基于 Vue 3. x + Element - plus + Express + MongoDB 技术的一个全栈项目，通过学习掌握前后台开发工作，适合进阶学习。

【学习目标】

- 掌握 Vue 3. x 综合应用
- 掌握 Element - plus 插件的使用
- 掌握 Express 后端框架的使用
- 掌握 MongoDB 的使用

10.1 项目概述

本项目是一个功能相对简单的个人博客，其主要功能包括：

- 写博客。用户根据表单格式书写博客，存储到 MongoDB 数据库。
- 分页显示博客。从 MongoDB 数据库中获取博客，并分页显示。
- 编辑博客。允许用户对博客内容进行编辑并保存。
- 删除博客。允许用户删除某条博客。
- 博客详情。显示某条博客全部内容。

如图 10 - 1 ~ 图 10 - 4 所示。

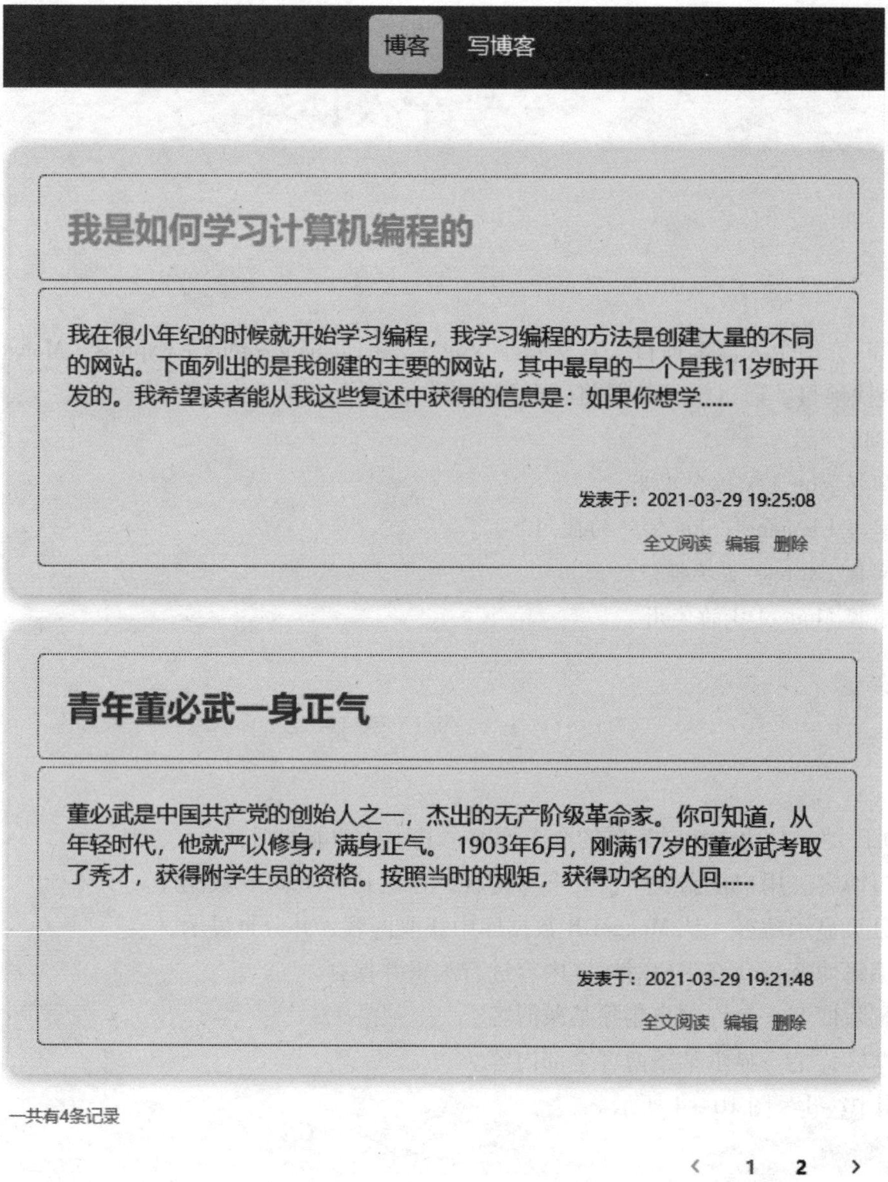

博客 写博客

我是如何学习计算机编程的

我在很小年纪的时候就开始学习编程，我学习编程的方法是创建大量的不同的网站。下面列出的是我创建的主要的网站，其中最早的一个是我11岁时开发的。我希望读者能从我这些复述中获得的信息是：如果你想学……

发表于：2021-03-29 19:25:08

全文阅读 编辑 删除

青年董必武一身正气

董必武是中国共产党的创始人之一，杰出的无产阶级革命家。你可知道，从年轻时代，他就严以修身，满身正气。 1903年6月，刚满17岁的董必武考取了秀才，获得附学生员的资格。按照当时的规矩，获得功名的人回……

发表于：2021-03-29 19:21:48

全文阅读 编辑 删除

一共有4条记录

‹ 1 2 ›

图 10－1　分页显示博客

博客　写博客

* 博客标题

博客内容

* 博客类别　技术　兴趣　爱好　人生　杂谈

创建　重置

图 10－2　写博客

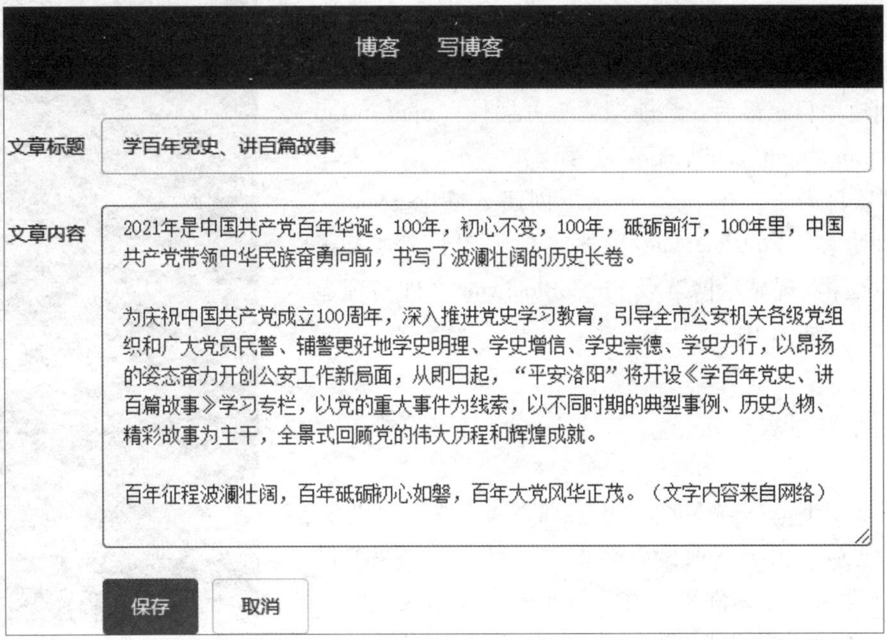

博客　写博客

文章标题　学百年党史、讲百篇故事

文章内容　2021年是中国共产党百年华诞。100年，初心不变，100年，砥砺前行，100年里，中国共产党带领中华民族奋勇向前，书写了波澜壮阔的历史长卷。

为庆祝中国共产党成立100周年，深入推进党史学习教育，引导全市公安机关各级党组织和广大党员民警、辅警更好地学史明理、学史增信、学史崇德、学史力行，以昂扬的姿态奋力开创公安工作新局面，从即日起，“平安洛阳”将开设《学百年党史、讲百篇故事》学习专栏，以党的重大事件为线索，以不同时期的典型事例、历史人物、精彩故事为主干，全景式回顾党的伟大历程和辉煌成就。

百年征程波澜壮阔，百年砥砺初心如磐，百年大党风华正茂。（文字内容来自网络）

保存　取消

图 10－3　编辑博客

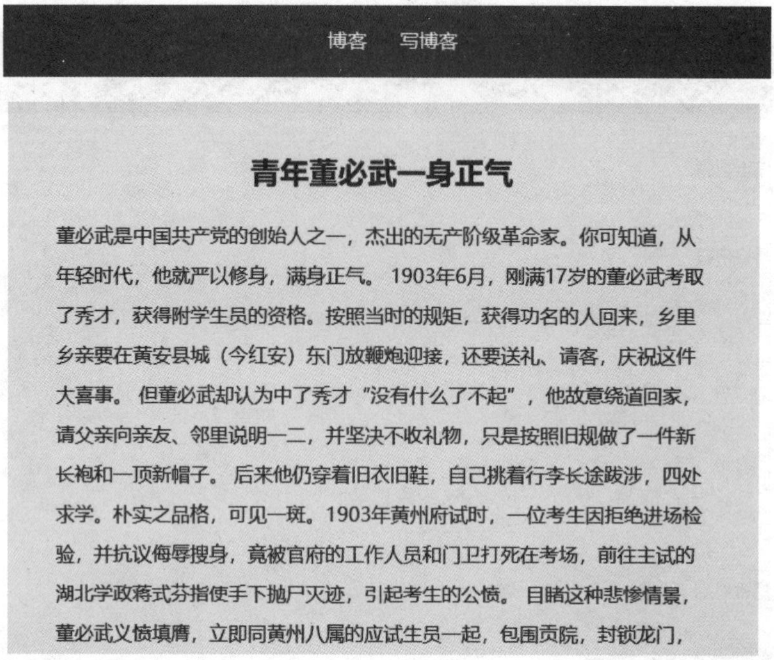

博客　写博客
青年董必武一身正气
董必武是中国共产党的创始人之一，杰出的无产阶级革命家。你可知道，从年轻时代，他就严以修身，满身正气。 1903年6月，刚满17岁的董必武考取了秀才，获得附学生员的资格。按照当时的规矩，获得功名的人回来，乡里乡亲要在黄安县城（今红安）东门放鞭炮迎接，还要送礼、请客，庆祝这件大喜事。 但董必武却认为中了秀才“没有什么了不起”，他故意绕道回家，请父亲向亲友、邻里说明一二，并坚决不收礼物，只是按照旧规做了一件新长袍和一顶新帽子。 后来他仍穿着旧衣旧鞋，自己挑着行李长途跋涉，四处求学。朴实之品格，可见一斑。1903年黄州府试时，一位考生因拒绝进场检验，并抗议侮辱搜身，竟被官府的工作人员和门卫打死在考场，前往主试的湖北学政蒋式芬指使手下抛尸灭迹，引起考生的公愤。 目睹这种悲惨情景，董必武义愤填膺，立即同黄州八属的应试生员一起，包围贡院，封锁龙门，

图 10－4　博客详情

10.1.1　前端环境搭建

首先安装 Node.js 及 Vue－cli，然后通过 Vue create myBlog 创建项目，最后安装前端第三方插件（npm install element－plus，npm install axios －－save）。

根据项目需求，在 views 目录下创建 AddBlog.vue 文件实现写博客、EditBlog.vue 文件实现编辑博客、ListBlog.vue 文件实现显示博客及 SingleBlog.vue 文件实现显示博客详情，如图 10－5 所示。

MYBLOG
node_modules
public
server
src
assets
components
plugins
router
views
AddBlog.vue
EditBlog.vue
ListBlog.vue
SingleBlog.vue
App.vue
element-variables.scss
main.js
vue.config.js
.gitignore
babel.config.js
package-lock.json
package.json
README.md

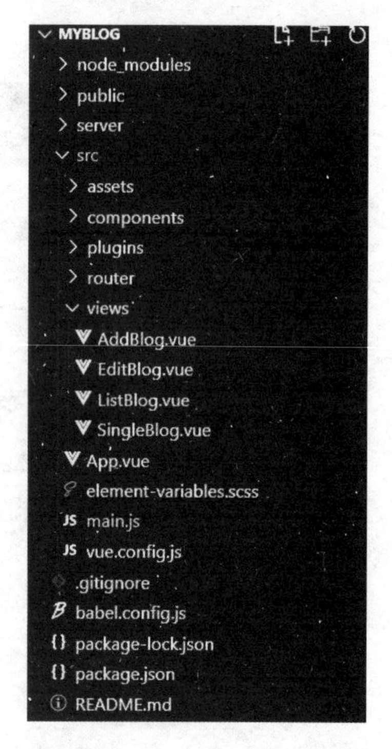

图 10－5　个人博客项目结构

10.1.2　后端环境搭建

后端采用 Express + MongoDB 实现，通过编写 API 实现前后端连接。由于本项目后端相对简单，因此在项目目录下创建 server 文件夹，在 server 文件夹下建立 index.js 文件用来存放 API 接口。在项目目录下安装后端框架 npm insall express@next，安装 npm install mongoose，安装后端跨域插件 npm install cors，安装自动检测工具 npm install nodemon －g。

10.2 MongoDB 简述

MongoDB 是用来存储数据的数据库，案例中用来保存数据。它的特点是高性能、易部署、易使用、存储数据非常方便，主要特性有：

①面向文档存储，JSON 格式的文档易读，高效。

②模式自由，支持动态查询、完全索引，无模式。

③高效的数据存储，效率提高。

④支持复制和故障恢复。

⑤以支持云级别的伸缩性，支持水平的数据库集群，可动态添加额外的服务器。

传统的关系数据库一般由数据库（database）、表（table）、记录（record）三个层次组成，而 MongoDB 数据库由数据库（database）、集合（collection）、文档对象（document）三个层次组成。集合相当于表，文档对象相当于记录（格式类似于 JSON 的键值对，如 {"id"：1,"name":"lwk","age"：20}）。

MongoDB 中的数据类型包括整型、浮点型、布尔型、字符串、日期、对象、数组、null、文档类型和 RegExp（正则表达式）。

10.2.1 MongoDB 的安装

登录 https://www.mongodb.com/，根据需要选择下载 Windows 版本或是 Linux 版本，32 位或是 64 位。

安装时，选择“Complete”（完全）安装或是“Custom”（自定义）安装，此处选择“Custom”，如图 10－6 所示。

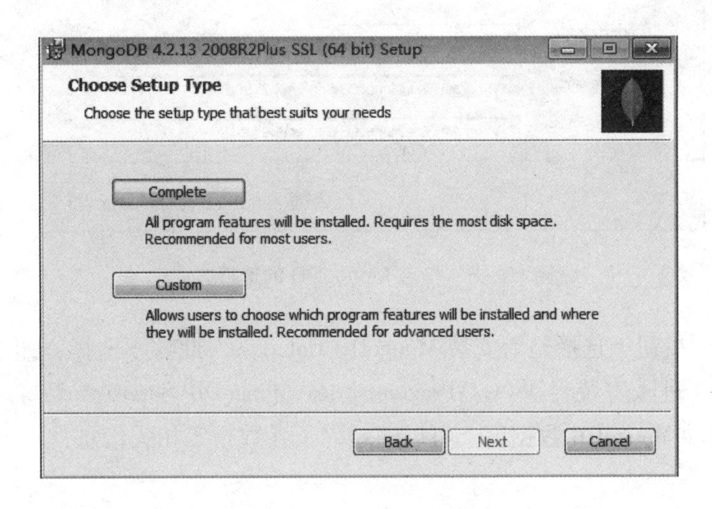

图 10－6　选择安装类型

单击“Next”按钮，指定安装位置，如图 10－7 所示。

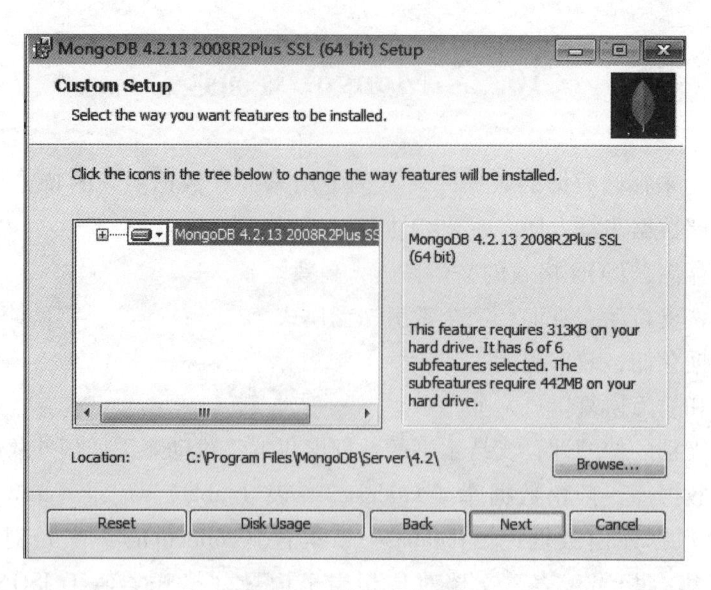

图 10－7　指定安装位置

单击“Next”按钮，选择 MongoDB 的运行方式，如图 10－8 所示。

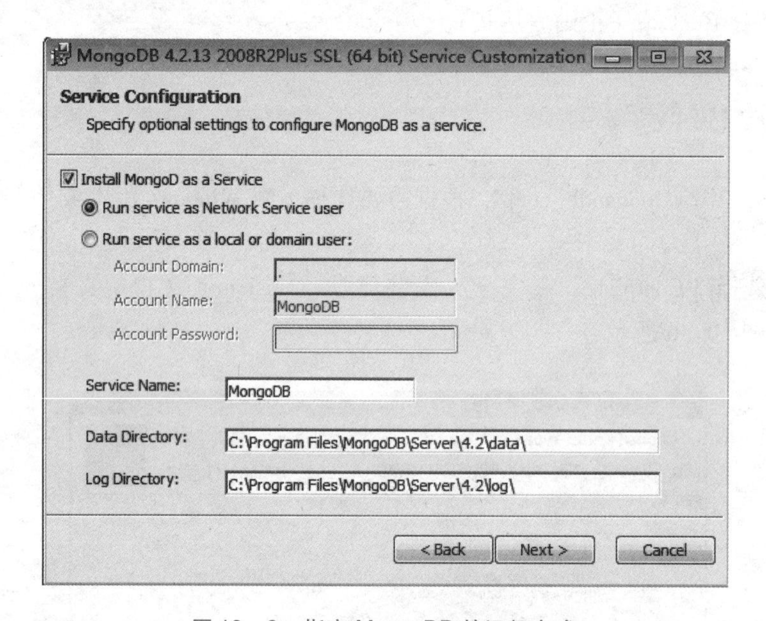

图 10－8　指定 MongoDB 的运行方式

单击“Next”按钮，选择是否安装 MongoDB Compass，此处不选择，如图 10－9 所示。

安装成功后，进入安装目录(C:\Program Files\MongoDB\Server\4.2\bin)，执行“mongod.exe”命令启动 MongoDB 数据库。可以通过以下参数指定相关信息：

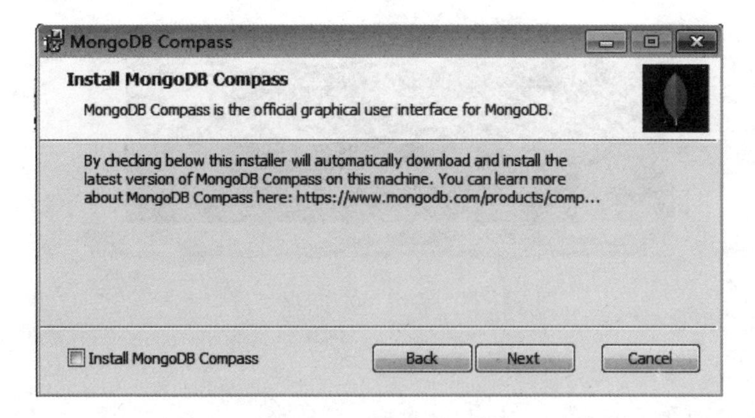

图 10 -9　选择是否安装 MongoDB Compass

--Mongod，启动数据进程。

--dbpath，指定数据库的目录。

--port，指定数据库的端口，默认是 27017。

--bind_ip，绑定 IP。

--directoryperdb，为每个 DB 创建一个独立子目录。

--logpath，指定日志存放目录。

为了方便使用，建议配置环境变量，把 C:\Program Files\MongoDB\Server\4.2\bin 加入系统的 path 环境变量中，这样在任意目录下可以执行 mongod.exe 命令。

进入计算机管理，可启动、停止、重启动及查看 MongoDB 数据库的运行状态，如图 10 -10 所示。

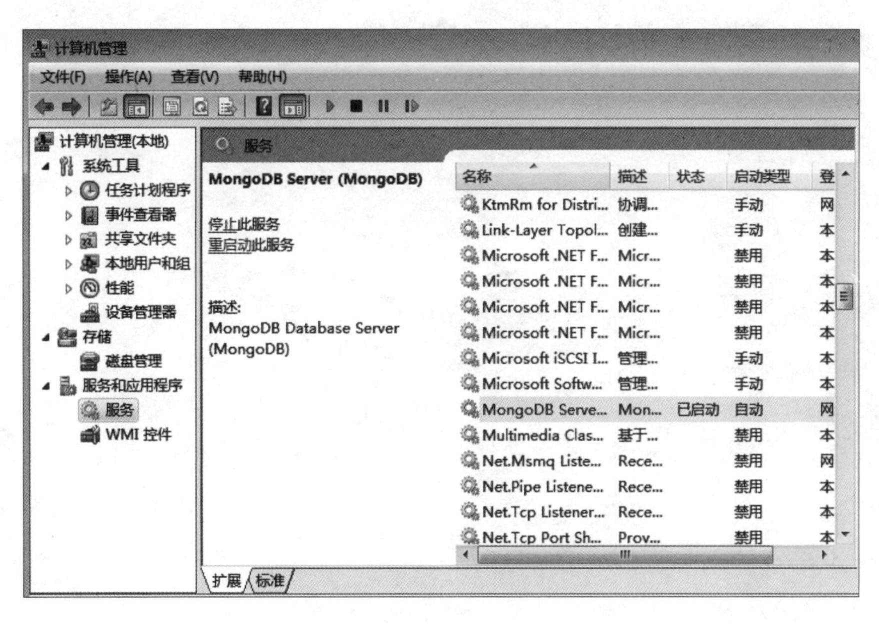

图 10 -10　MongoDB 的运行状态

执行 mongo.exe 命令连接 MongoDB 数据库，如图 10 -11 所示。

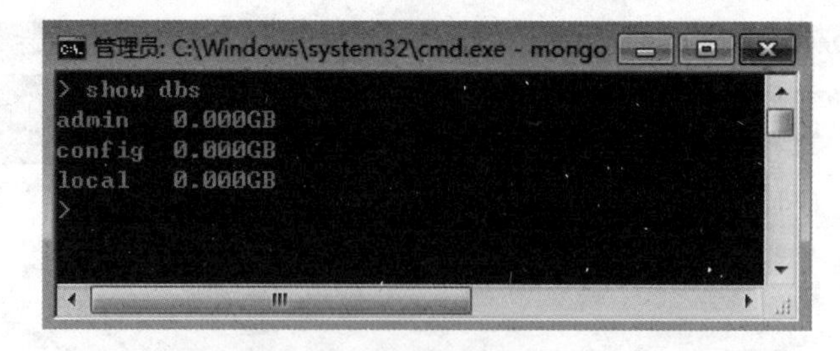

图 10－11　连接 MongoDB 数据库

10.2.2　MongoDB 基础操作

1. 查看数据库

```
Show dbs;
```

2. 打开数据库、创建数据库

```
use 数据库名
```

如果数据库存在，打开数据库；如果数据库不存在，要求向数据集合中插入数据，这样数据库可创建成功，否则，数据库不会创建。

例如，创建 myBlog 数据库，向数据库 user 集合中添加一条文档。

```
use myBlog'
db.user.inert({"name":"lwk","pwd":123456})
```

3. 查看当前数据库中的集合

```
show collections
```

4. 删除指定的集合

```
db. 集合名 .drop()
```

5. 删除当前数据库

```
db.dropDatabase()
```

6. 查询集合中的所有数据

```
db. 集合名 .find()
```

7. 查询

查询 user 集合中姓名为“lwk”的数据：

```
db.user.find({"name":"lwk"})
```

查询 user 集合中 age > 20 的数据：

```
db.user.find({age:{$gt:20}});
```

查询 user 集合中 age < 20 的数据：

```
db.user.find({age:{$lt:20}});
```

查询 user 集合中 age > =20 的数据：

```
db.user.find({age:{$gte:20}});
```

查询 user 集合中 age < =20 的数据：

```
db.user.find({age:{$lte:20}});
```

查询 user 集合中 age > =20 并且 age < =30 的数据：

```
db.user.find({age:{$gte:20,$lte:30}});
```

查询 name 中包含“文”的数据：

```
db.user.find({name:/文/});
```

查询 name 中以“李”开头的数据：

```
db.user.find({name:/^李/});
```

查询 user 集合指定 name、age 数据：

```
db.user.find({},{name:1,age:1});
```

查询 user 集合中的数据，并以 age 升序排列：

```
db.user.find().sort({age:1});//1 升序，-1 降序
```

查询 user 集合中前 10 条数据：

```
db.user.find().linit(10)
```

查询 user 集合中 10 条以后的数据：

```
db.user.find().skip(10);
```

分页查询数据，每页显示 pageSize(10) 条数据：

```
db.user.find().limit((page -1) * pageSize).skip(pageSize)
```

查询 name 为 lwk 或 tom 的数据：

```
db.user.find({$or:[{name:'lwk'},{name:'tom'}]});
```

统计 age =25 数据个数：

```
db.user.find({age:25}.count())
```

8. 修改数据

修改 user 集合中 name 为 tom、pwd 为 5678：

```
db.user.update({name:tom},{ $ set:{pwd:5678}});
```

把 user 集合中所有 xb 为“男”的 age 修改为 20：

```
db.user.update({xb:'男'},{ $ set:{age:20},{multi:true});
```

把 user 集合中所有 xb 为“男”的 age 增加 3：

```
db.user.update({xb:'男'},{ $ inc:{age:3}},false,true);
```

9. 删除数据

删除 user 集合中 name 为“lwk”的数据

```
db.user.remove({name:"lwk"})
```

10.3 项目部分代码

10.3.1 main.js

```
import { createApp } from'vue'
import App from'./App.vue'
import router from'./router'
import ElementPlus from'element-plus';  //引入 element-plus 插件
import'element-plus/lib/theme-chalk/index.css'; /* 引入 element-plus 中的主题样式 */

createApp(App)
.use(ElementPlus)
.use(router).mount('#app')
```

10.3.2 router/index.js

```
import { createRouter, createWebHashHistory } from'vue-router'
//引入Vue组件
import AddBlog from "./views/AddBlog"
import EditBlog from "./views/EditBlog"
import ListBlog from "./views/ListBlog"
import SingleBlog from "./views/SingleBlog"

const routes =[
  {
    path:'/',
    name:'index',
    redirect:'/blog/list'
  },
  //添加博客
  {
    path:'/blog/add',
    name:'add-blog',
    component:AddBlog
  },
  //编辑博客
  {
    path:'/blog/:id/edit',
    name:'edit-blog',
    component:EditBlog
  },
  //显示指定博客
  {
    path:'/blog/:id/view',
    name:'single-blog',
    component:SingleBlog
  },
  //分页显示博客
  {
    path:'/blog/list',
    name:'list-blog',
```

```
    component: ListBlog
  }
]
const router = createRouter({
  history: createWebHashHistory(),
  routes
})
export default router
```

10.3.3 app.vue

```
<template>
  <el-container style="height: 100vh; border: 1px solid #eee;
width: 100% ">
    <el-container style="width: 100% ">
      <el-header style="text-align: center; font-size: 12px">
        <router-link to="/blog/list" exact>博客</router-link>
 
        <router-link to="/blog/add" exact>写博客</router-link
> 
      </el-header>
      <el-main>
        <router-view></router-view>
      </el-main>
    </el-container>
  </el-container>
</template>
<script>
export default {
  name: "app"
};
</script>
```

10.3.4 server/index.js

```
1.const express = require('express')
2.const app = express()
3.
4.app.use(require('cors')())
5.app.use(express.json())
6.
7.//连接数据库
8.const mongoose = require('mongoose')
9.mongoose.connect('mongodb://localhost:27017/myBlog', {
10.     useNewUrlParser: true,
11.     useFindAndModify: true,
12.     useCreateIndex: true
13.})
14.//建立模型
15.const Blog = mongoose.model('Blog', new mongoose.Schema({
16.     id:{type:Number},
17.     title: { type: String },
18.     body: { type: String },
19.     categories:{ type:Array}
20.}))
21.app.get('/', async (req, res) => {
22.     res.send('index')
23.})
24.//新增文章
25.app.post('/blog', async (req, res) => {
26.     const article = await Blog.create(req.body)
27.     res.send(article)
28.})
29.//文章列表
30.app.get('/blog', async (req, res) => {
31.     const articles = await Blog.find()
32.     res.send(articles)
33.})
34.//删除文章
```

```
35.app.delete('/blog/:id', async (req, res) =>{
36.    await Blog.findByIdAndDelete(req.params.id)
37.    res.send({
38.        status: true
39.    })
40.})
41.//文章详情
42.app.get('/blogs/:id', async (req, res) =>{
43.  const article = await Blog.findById(req.params.id)
44.    res.send(article)
45.})
46.//修改文章
47.app.put('/blog/:id', async (req, res) =>{
48.    const article = await Blog.findByIdAndUpdate ( req.params.id,
    req.body)
49.    res.send(article)
50.})
51.
52. //分页显示
53.app.all('/blog/page',(req,res,next) = >{
54.
55.    result = {
56.        data:[],
57.        total:''
58.    };
59.    //var total;
60.    //总记录数
61.    var query =  Blog.find({});
62.    query.count({},function(err, count){
63.
64.        if(err){
65.            res.json(err)
66.        }else{
67.            result.total = count;
68.            console.log("count 的值是:",result);
69.        }
```

```
70.     });
71.     //第几页的数据
72.     pageSize = parseInt(req.query.pageSize);
73.     currentPage = parseInt(req.query.currentPage);
74.     console.log("页码 shishi:");
75.     console.log(pageSize + "  " + currentPage);
76.     Blog.find({},(error,data) => {
77.         result.data = data;
78.         res.send(result);
79.     }).skip((currentPage - 1) * pageSize).limit(pageSize).sort({_
        id: -1});//对结果默认排序
80.
81.});
82.
83.app.listen(3001, () => {
84.     console.log("http://localhost:3001")
85.})
```

10.4 页面组件

10.4.1 添加博客组件（addBlog.vue）

添加博客的页面如图 10－12 所示。

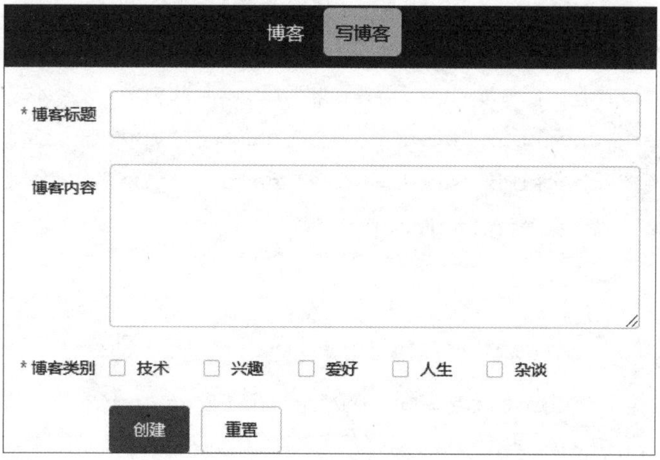

图 10－12　添加博客

```
1. <template>
2.   <div id="add">
3.     <el-form
4.       :model="blogForm"
5.       :rules="rules"
6.       ref="blogForm"
7.       label-width="100px"
8.       class="demo-ruleForm"
9.       @submit.prevent="saveBlog"
10.      >
11.        <el-form-item label="博客标题" prop="title">
12.          <el-input v-model="blogForm.title"></el-input>
13.        </el-form-item>
14.        <el-form-item label="博客内容" prop="body">
15.          <el-input
16.            type="textarea"
17.            v-model="blogForm.body"
18.            rows="10"
19.          ></el-input>
20.        </el-form-item>
21.
22.        <el-form-item label="博客类别" prop="categories">
23.          <el-checkbox-group v-model="blogForm.categories">
24.            <el-checkbox label="技术" name="type"></el-checkbox>
25.
26.            <el-checkbox label="兴趣" name="type"></el-checkbox>
27.            <el-checkbox label="爱好" name="type"></el-checkbox>
28.            <el-checkbox label="人生" name="type"></el-checkbox>
29.            <el-checkbox label="杂谈" name="type"></el-checkbox>
30.          </el-checkbox-group>
31.
32.        </el-form-item>
33.        <el-form-item>
34.          <el-button type="primary" native-type="submit" >创建</
         el-button >
35.          <el-button @click="resetForm('blogForm')">重置</el-button>
```

```
36.       </el-form-item>
37.     </el-form>
38.   </div>
39.
40. </template>
41. <script>
42. import axios from "axios";
43. axios.defaults.baseURl = "http://localhost:3001/";
44. import { ElMessage } from "element-plus";
45. export default {
46.   data() {
47.     return {
48.       blogForm: {
49.         id: "",//博客 id
50.         title: "",//博客标题
51.         body: "",//博客内容
52.         },
53.       rules: {  //验证规则
54.         title: [
55.           {
56.             required: true,
57.             min: 3,
58.             message: "请输入博客标题,长度不少于 3 个字符",
59.             trigger: "blur",
60.           },
61.         ],
62.         content: [
63.           {
64.             required: true,
65.             min: 20,
66.             message: "请输入博客内容,长度不少于 20 个字符",
67.             trigger: "blur",
68.           },
69.         ],
70.
71.         categories: [
```

```
72.         {
73.           type: "array",
74.           required: true,
75.           message: "请至少选择一个博客类别",
76.           trigger: "change",
77.         },
78.       ],
79.     },
80.   };
81.  },
82.  methods: {
83.    saveBlog() {
84.      this.blogForm.id = new Date().getTime();  //取系统时间赋给 id
85.      axios.post("blog", this.blogForm).then((res) =>{
86.        console.log(res.data);
87.      });
88.      ElMessage({
89.        showClose: true,
90.        message: "恭喜你,成功发布博客",
91.        type: "success",
92.      });
93.      this. $ router.push("/blog/list");//跳转到列表页
94.    },
95.      resetForm(formName) {    //重置
96.  this. $ refs[formName].resetFields();
97.  },
98.  },
99.};
100. </script>
101.
102. <style >
103. </style>
```

10.4.2 分页显示博客（ListBlog. vue）

分页显示博客，如图 10 - 13 所示。

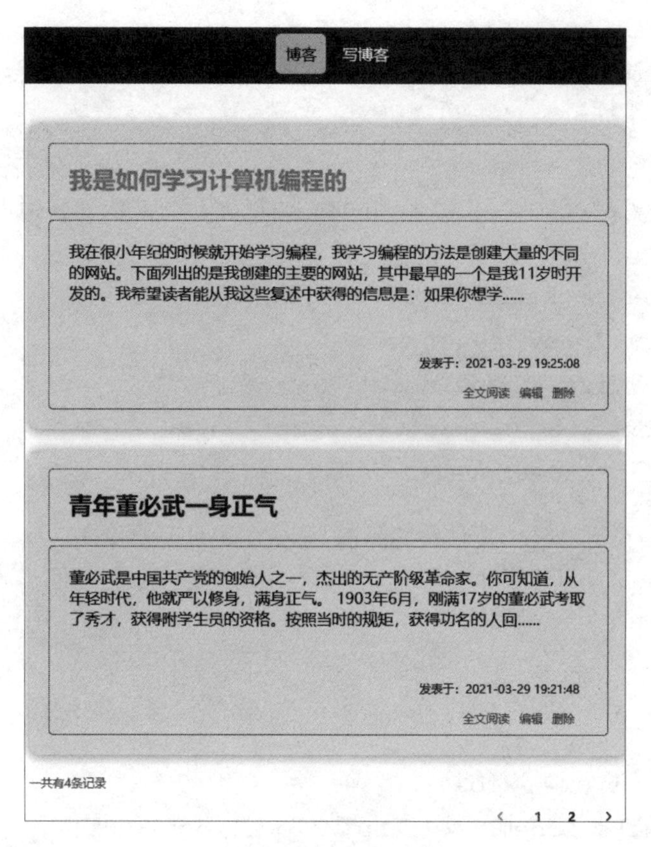

图 10－13　分页显示博客

```
1. <template>
2.   <div id="blogs" v-for="item in blogs" :key="item.id">
3.     <div class="singleBlog">
4.       <h2 v-color>{{ item.title }}</h2>
5.       <p class="body">{{item.body.substr(0,100)+"..."  }}</p>
6.       <div class="read">
7.         <a link="#" @click.prevent="view(item._id)">全文浏览</a>
8.         <a link="#" @click.prevent="edit(item._id)">编辑</a>
9.         <a link="#" @click.prevent="remove(item._id)">删除</a>
10.      </div>
11.        <p class="date">发表于:{{ getYMDHMS(item.id) }}</p>
12.      </div>
13.   </div>
14.   <!--页码:-->
```

```
15.   <div float = "left" style = "font - size: 12px; color: #999 ;pad-
    dding - left:20px" >
16.     一共有{{ page.total }}条记录
17.   </div >
18.   <div class = "block" style = "text - align: right; margin - top: 10px" >
19.     <el - pagination
20.       @current - change = "currentChange"
21.       layout = "prev, pager, next"
22.       :page - size = "page. size"
23.       :current - page = "page. current"
24.       :total = "page.total"
25.     >
26.     </el - pagination >
27.   </div >
28. </template >
29.
30. <script >
31. import axios from "axios";
32. axios.defaults.baseURL = "http://localhost:3001";
33. export default {
34.   data() {
35.     return {
36.       blogs: [],
37.       //分页:
38.       page: {
39.         current: 1,
40.         size: 2,
41.         total: 0,
42.       },
43.     };
44.   },
45.
46.   directives: {
47.     color: {
48.       //指令的定义,实现不同颜色的标题
49.       mounted(el) {
```

```
50.         el.style.color = "#" + Math.random().toString(16).slice(2, 8);
51.         el.style.padding = "20px";
52.       },
53.     },
54.   },
55.   created() {
56.     this.pageInation();
57.   },
58.
59.   methods: {
60.     handleChange(val) {
61.       console.log(val);
62.     },
63.     fetch() {
64.       this.page.current =1;
65.       this.pageInation();
66.     },
67.     //删除
68.     remove(id) {
69.       axios.delete('blog/ ${id}').then((res) =>{
70.         console.log(res);
71.         this. $ message({
72.           message: "成功删除博客内容",
73.           type: "success",
74.         });
75.         this.fetch();
76.       });
77.     },
78.     //编辑
79.     edit(id) {
80.       this. $ router.push('/blog/ ${id} /edit');
81.     },
82.     //全文浏览
83.     view(id) {
84.       this. $ router.push('/blog/ ${id} /view');
85.     },
```

```
86.     //分页
87.     pageInation() {
88.       let that = this;
89.       //每次单击更改页码值
90.       axios
91.         .get("/blog/page? currentPage = " +
92.             that.page.current +
93.             "&pageSize = " +
94.             that.page.size
95.         )
96.         .then((res) => {
97.           if (res.data.data = = null || res.data.data.length = = 0) {
98.             //除第一页的其他某页全都删除了的情况
99.             that.page.current = that.page.current -1;
100.             that.pageInation();
101.           } else {
102.             that.blogs = res.data.data;
103.             that.page.total = res.data.total;
104.           }
105.         });
106.     },
107.     currentChange(current) {
108.       console.log(current);
109.       this.page.current = current;
110.       this.pageInation();
111.     },
112.     getYMDHMS (timestamp) { //秒转换为年月日时分秒格式
113.       let time = new Date(timestamp)
114.       let year = time.getFullYear()
115.       const month = (time.getMonth() + 1).toString().padStart(2,'0')
116.       const date = (time.getDate()).toString().padStart(2,'0')
117.       const hours = (time.getHours()).toString().padStart(2,'0')
118.       const minute = (time.getMinutes()).toString().padStart(2,'0')
119.       const second = (time.getSeconds()).toString().padStart(2,'0')
120.
```

```
121.        return year + '-' + month + '-' + date + '' + hours + ':' + minute + ':' + second
122.      }
123.   },
124.   };
125. </script>
126. <style scoped>
127. ...
128. </style>
```

10.4.3　编辑博客（EditBlog.vue）

编辑博客，如图 10－14 所示。

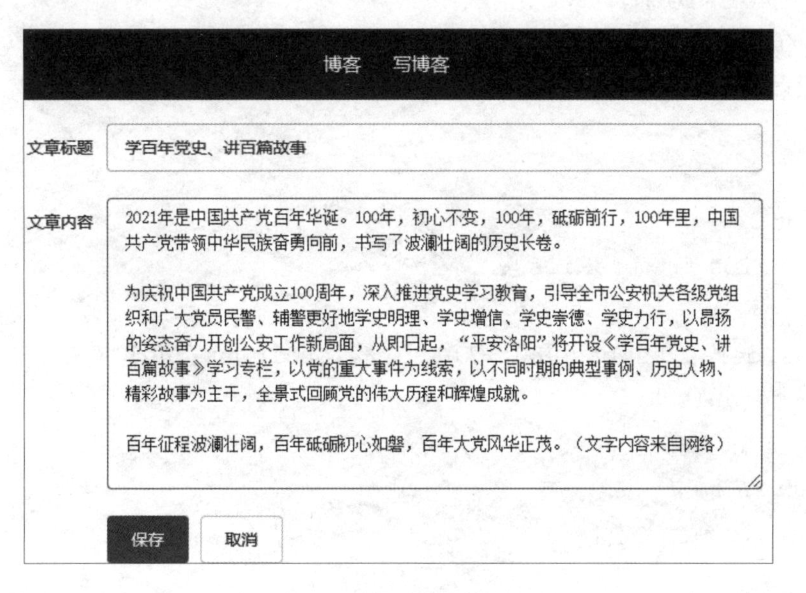

图 10－14　编辑博客

```
1. <template>
2.   <div>
3.     <el-form
4.       ref="form"
5.       :model="article"
6.       label-width="80px"
7.       @submit.prevent="saveArticle"
```

```
8.      >
9.        <el - form - item label = "文章标题" >
10.          <el - input v - model = "article.title" > </el - input >
11.        </el - form - item >
12.
13.        <el - form - item label = "文章内容" >
14.          <el - input type = "textarea" v - model = "article.body" rows =
         20 > </el - input >
15.        </el - form - item >
16.        <el - form - item >
17.          <el - button type = "primary" native - type = "submit" >保存 </
         el - button >
18.          <el - button @click =this. $ router.go( -1) >取消 </el - button >
19.        </el - form - item >
20.      </el - form >
21.    </div >
22. </template >
23.
24. <script >
25. import axios from "axios";
26.
27.   axios.defaults.baseURL = "http://localhost:3001";
28. export default {
29.   data() {
30.     return {
31.       article: { },
32.     };
33.   },
34.   created(){
35.       this.fetch()
36.   },
37.   methods: {
38.     saveArticle() {
39.       console.log(this.article);
40.       axios.put('blog/ ${this. $ route.params.id}', this.article)
        .then(res = > {
```

```
41.       console.log(res.data);
42.         this. $ message({
43.           message:'修改成功',
44.           type:'success'
45.         });
46.         this. $ router.push('/blog/list')
47.       });
48.     },
49.     fetch(){
50.         axios.get('blogs/ ${this. $ route.params.id}').then(res = >{
51.             console.log(res.data)
52.             this.article = res.data
53.         })
54.     }
55.   },
56.
57.};
58.</script>
59.
60.<style>
61.</style>
```

10.4.4 博客详情（SingleBlog.vue）

```
1.<template>
2.  <div id = viewBlog>
3.    <h2>{{article.title}}</h2>
4.    <p v-html = article.body></p>
5.  </div>
6.</template>
7.
8.<script>
9.import axios from "axios";
10.axios.defaults.baseURL = "http://localhost:3001";
11.export default {
```

```
12.  data() {
13.    return {
14.      article: { },
15.    };
16.  },
17.  created(){
18.      this.fetch()
19.  },
20.  methods: {
21.    fetch(){
22.        axios.get(`blogs/${this.$route.params.id}`).then(res =>{
23.            this.article=res.data
24.        })
25.    }
26.  },
27.};
28.</script>
29.<style scoped>
30....
31.</style>
```

10.5 项目的打包与发布

当使用 vue - cli 脚手架完成一个项目时，下一步是如何把这个项目放到互联网上或者在本地直接打开。在本地调试时，只要在命令行执行“npm run dev”命令，就可以运行这个项目。如果要发布到互联网或本地，需要用“npm run build”命令打包。首先在 myBlog 目录下创建配置文件 vue. config. js，在该文件中编写如下配置信息。

```
module.exports={
    publicPath: "./",
    assetsDir: "static",
    outputDir:'dist',
}
```

其次，在项目目录下执行“npm run build”命令，当出现如图 10 - 15 所示界面时，说明打包成功。

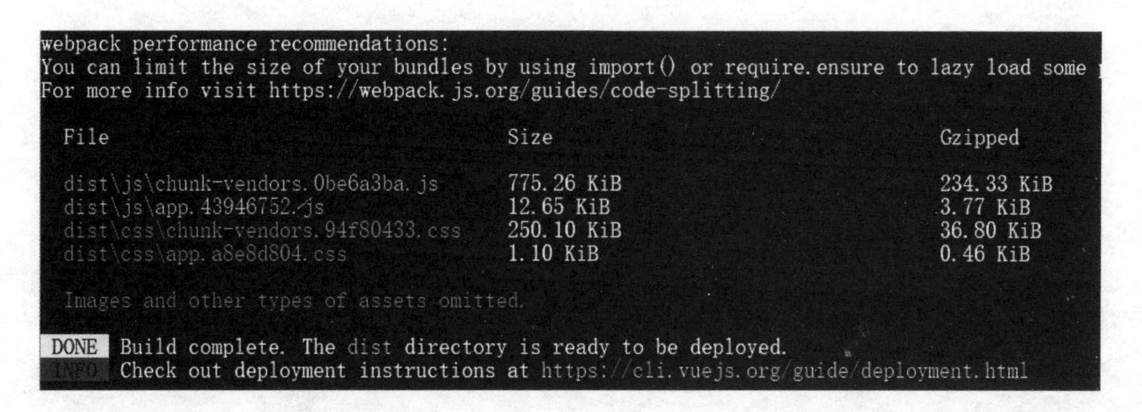

图 10－15 项目打包

打包完成后，在项目根目录下生成 dist 文件夹，dist 文件夹下包括打包后生成的文件，如图 10－16 所示。

名称	修改日期	类型	大小
static	2021/3/31 21:30	文件夹	
favicon	2021/3/31 21:30	ICO 图片文件	5 KB
index	2021/3/31 21:30	Microsoft Edge ...	1 KB

图 10－16 项目打包后生成的文件

在本地安装 Wampserver 软件。安装成功后，把生成的文件复制到 www 目录，启动服务器，在浏览器地址栏中输入“localhost”即可运行。